KB082394

게임 잘하는 아이가 공부도 잘한다

게임 잘하는 아이가 공부도 잘한다

초판 1쇄 2021년 11월 16일
지은이 이병준 | **펴낸이** 송영화 | **펴낸곳** 굿위즈덤 | **총괄** 임종익
등록 제 2020-000123호 | **주소** 서울시 마포구 양화로 133 서교타워 711호
전화 02) 322-7803 | **팩스** 02) 6007-1845 | **이메일** gwbooks@hanmail.net

ISBN 979-11-91447-81-1 03590 | 값 15,000원

※ **굿위즈덤**은 당신의 상상이 현실이 되도록 돕습니다.

게임 잘하는 아이가 공부도 잘한다

이병준 지음

굿위즈덤

프롤로그

게임은 아이들 교육의 미래다

나는 말도 많고 탈도 많은 두 사내아이의 아빠다. 어쩌다 보니 육아와 식당일을 병행하며 살고 있다. 생전 처음 아이를 키우면서 나의 일이 아닌, 아이들의 일상을 들여다보게 됐다. 이따금 아이들을 통해 지난 나의 추억이 불현듯 떠오르곤 한다. 시대와 세대만 다를 뿐 아이들은 나의 분신이다. 아이들이 부모인 내 행동에 지대한 영향을 받는다는 것을 이제서야 깨닫는다. 아이들과 온전히 함께하는 시간은 행복과 고단함의 연속이다. 그 속에서 가족의 소중함을 느끼게 된다.

게임을 만든다는 것은 아이들을 키우는 것과 유사하다. 좋아서 시작했지만 때때로 시련이 닥친다. 롤러코스터에 올라탄 듯 오르락내리락한다. 아주 가끔은 버리고 싶을 때도 있다. 하지만 자식과도 같은 나의 게임이 세상에서 빛을 보기도 전에 사라지길 바라지 않는다. 그 때문에 고난의 여정을 견디는 것이다. 게임이 출시되면 아이를 돌보듯 오랜 시간 정성을 쏟아야 한다. 어르고 달래고, 때론 다그치며 진짜 게임의 면모를 갖춰 간다.

나는 게임개발자로 오랜 기간 일했다. 당시는 '어떻게 하면 아이들의 코 묻은 돈을 게임에 쓰게 할까.'라고 고민하는 것이 일상이었다. 하지만 아이가 생기자 여느 부모처럼 내 아이들이 게임에 빠지는 것을 용납할 수 없었다. 아이의 성적에 목을 매고, 주변 아이들과 비교하는 나를 보았다. 나만큼은 그러지 않을 줄 알았다. 예전의 개발자에서 현재 육아를 담당하고 있는 부모 입장이 이리 다를 수 있다니.

'게임 잘하는 아이가 공부도 잘한다' 이 책의 발상은 이 지점에서부터 시작됐다.

책을 쓰는 동안 아이들과 함께한 세월을 다시금 돌아보게 됐다. 예전엔 몰랐는데 아이들의 커가는 모습을 지켜볼 수 있다는 것이 큰 행복이란 걸 알았다. 책의 내용엔 나와 내 아이들의 '좌충우돌' 소소한 일상과 게임 이야기가 담겨 있다. 비단 온라인 게임뿐만 아니라 다양한 놀이를 하며 행복한 기억을 만들었다. 내가 이 책을 쓰게 된 가장 큰 이유가 여기에 있다. 아이들과 행복한 기억을 새기며 추억을 쌓기 위해서다. 그것은 앞으로 살아가야 할 아이들에게 큰 힘이 되어줄 것이다. 내가 그 옛날 아버지와 함께했던 추억처럼 말이다.

이 시대는 아이들에게 맘 편하게 놀 수 있는 공간을 내어주는 것조차 인색하다. 회색빛 콘크리트 벽에 둘러싸여 학교와 학원을 돌아다니느라 바쁘다. 요즘 아이들은 부모들이 어린 시절 당연히 누렸던 소소한 경험조차 빼앗겨버렸다. 이제 이런 현실에 놓인 아이들을 공감해야 할 때가 왔다. 더 이상 어른들의 경험에 비추어 아이들을 바라봐서는 안 될 것이다.

앞으로의 인재는 미래 산업이 요구하는 사람이다. 변화와 융합으로 혁신을 이끌어내야 인재로서 인정받을 것이다. 혁신은 풍부한 상상력과 창의적 발상에서 비롯된다. 창의력은 자발적 호기심으로 생긴 문제를 획기적으로 해결하는 능력이다. 우리 아이들은 창조적 발상과 열정으로 새로움에 도전해야 한다. 이에 게임은 이 시대가 요구하는 모든 능력을 갖춰야 한다. 창의적이고 상상력이 풍부한 융합형 인재를 필요로 한다. 따라서 이젠 게임을 잘하는 아이가 경쟁력이 되는 시대가 올 것이다.

무엇보다 아이들의 창의적인 상상력을 키우기 위해 꼭 필요한 것이 있다. 그것은 바로 글쓰기다. 정확히 말하면 책을 쓰는 것이다. 머릿속을 맴도는 생각은 실체가 없이 그저 사라져버리는 연기와 같다. 하지만 그 생각을 글로 표현한다면 아이들의 생각은 현실이 된다.

책을 쓴다는 것은 아이들의 꿈을 구체화시킬 수 있는 최고의 방법이다. 그동안 배운 경험과 지식을 집대성할 수 있다. 수많은 책을 읽는 것보다 한 권의 책을 써보길 적극 추천한다. 그 과정을 통해 아이들은 창의적 사고와 미래의 인재로 성장할 수 있는 좋은 계기가 될 것이다.

나는 오래전부터 내 이야기를 글로 남기고 싶었다. 내 인생의 발자취를 글을 통해 곱씹으며 살고 싶었다. 그런 막연한 희망을 갖고 살던 나는, 책을 통해 〈한국책쓰기1인창업코칭협회(이하 한책협)〉를 알게 됐다. 그곳에선 책을 쓰는 모든 비법을 전수한다. 〈한책협〉 김태광 대표님은 일명 '김도사'라 불린다. 책 쓰기에 도사라 붙여진 별명이다. 이곳에서 진행하는 책 쓰기 코칭 과정은 어디에서도 경험하기 힘든 내용들이다. 그는 사람들의 인생담을 책으로 승화시키는 탁월한 능력을 가지고 있으며, 의식성장에 굉장한 도움을 준다. 내가 끝까지 포기하지 않고 책을 쓸 수 있도록 도와주신 김태광 대표님, 〈위닝북스〉 권동희 대표님께 진심으로 감사드린다.

이제 게임은 미래 산업 전반에 걸쳐 중추적 역할을 하고 있다. 이런 배경을 뒷받침하고 있는 것은 바로 게임 개발자들의 열정과 도전이다. 게임에 종사한다는 것은 그 자체로 매력적일 수 있으나, 실상은 험난하고 냉혹한 세계다. 나는 20년이라는 세월 동안 이런 생태계에서 살아남기 위해 혼신을 다했다. 어차피 하고 싶어서 열정을 쏟았고, 그것으로 마침표를 찍게 돼 여한은 없다. 단지 그 과정에서 가족들이 받았을 고통을 생각하면 가슴이 아프다. 게임의 성공을 볼모로 가족에게 시간과 애정을 주지 못한 것이 항상 미안한 마음으로 남아 있다.

끝으로 작가가 되려는 나를 묵묵히 지켜보며 지원을 아끼지 않았던 아내에게 진심으로 고맙다는 말을 전하고 싶다. 특히 책을 쓴다는 핑계로 배달음식을 시켜도 별 불평 없이 맛있게 먹어준 내 아이들도 정말 고맙다. 낮에는 불 위에 놓인 뚝배기와 씨름하고, 밤에는 별을 벗 삼아 책을 쓸 수 있었던 힘은 '가족의 사랑'이란 것을 나는 알고 있다.

목차

2장 ——— 게임은 탁월한 미래 교육 수단이다

3장 — 게임을 즐기는 아이는 공부 방식이 다르다

4장 ——— 게임 잘하는 아이가 공부도 잘한다

1장

내 아이는 왜 게임에 빠져드는가

01

게임은 아이들의 새로운 놀이문화다

"탁! 탁! 탁!" 아이들의 딱지치기하는 소리에 잠이 깼다. 나는 주말이 되면 아이들의 노는 소리에 느지막이 일어난다. 아이들은 먼저 일어나서 여러 놀이를 하고 있다. 블록 쌓기, 종이접기, 총싸움 등 다양한 놀이를 하고 있다. 하지만 얼마 지나지 않아 싫증이 났는지 아빠를 찾는다. 나는 의무적으로 아이들과 좀 놀아주다가 이내 아이들에게 화를 내거나 혼내기 일쑤다.

주중에는 바쁜 일상으로 인해 집에 오면 녹초가 된다. 대신 주말에는 많이 놀아주려고 노력한다. 대부분의 부모들이 그러할 것이다. 하지만 기운 넘치는 아이들과 온종일 노는 것은 어느 부모에게나 힘든 일이다.

첫째 아이는 열두 살 초등학생, 둘째 아이는 일곱 살 유치원생이고 둘 다 사내아이다. 자식을 키워 본 부모는 알겠지만 잠시도 가만히 있지 않는다. 혈기왕성한 시기인지라 어쩔 수 없이 핸드폰이나 게임기를 던져준다. 오랫동안 굳어져서 일상의 패턴이 됐다. 심지어 아이들은 아빠에게 놀아 달라고 떼를 쓰면, 게임을 할 수 있다는 사실을 잘 알고 있다. 씁쓸한 현실이다.

예전의 아이들은 놀이터와 골목에서 놀았다면, 요즘 아이들은 게임을 통해 친구를 만난다.

나의 유년 시절만 해도 술래잡기, 공기놀이, 고무줄놀이, 무궁화꽃이 피었습니다, 땅따먹기, 구슬치기, 딱지치기, 비석치기 등등 수를 헤아릴 수 없을 정도로 놀이가 많았다. 지금은 추억이 되어버린 놀이들이다.

실제로 요즘 아이들은 또래와 어울려 뛰어노는 것보다 핸드폰과 노는 데 훨씬 익숙하다. 식당이나 백화점에 가면 글도 모르는 어린아이가 유모차에 앉아 스마트폰에 집중하고 있는 모습을 흔히 볼 수 있다. 오히려 부모와 놀 때보다 더 집중하고 즐거워하는 것처럼 보인다. 이런 모습들을 보면 내 아이들도 별반 다르지 않다.

놀이란 무엇일까? 네덜란드의 역사학자인 요한 하위징아(Johan Huizinga)는 놀이를 다음과 같이 말하고 있다. "놀이는 문화보다 오래되었다. 모든 놀이는 자발적 행위이며 인류의 역사와 더불어 언제나 함께 해왔고 다양하게 발전했다."라고 말했다. 그는 인간의 모든 문화 기원을 '놀이'에서 찾았다. 또한 '호모 사피엔스', 즉 생각하는 인간에서 '호모 루덴스' 놀이하는 인간이라는 개념을 탄생시켰다.

그러나 이제는 눈을 뜨면 온종일 공부만 하는 아이들은 노는 법조차 까먹을 지경이다. 치열한 입시 경쟁 속에서 숨쉬기조차 힘들다. 이럴 때 누군가 "인간은 본래 생각하는 것, 노동하는 것이 아니라, 노는 것에 있다."라고 아이들에게 말해주면 얼마나 좋을까? 그런데 실제로 그런 말을 한 사람이 '요한 하위징아'이다.

인간은 본능적으로 재미를 추구한다. 아이들은 태어나서 처음 놀이를 통해 몰입을 체험한다. 놀이의 형태가 무엇이든지 아이들은 그것에 몰두한다. 놀 때 시간이 안 가서 곤혹스러웠던 적이 있는가. 오히려 놀 때 시간이 모지라 아쉬웠던 적이 많았을 것이다. 아이들은 놀이에 몰입할 때 시간 가는 줄 모르고 유희를 만끽하고, 무아지경에 빠진다. 놀이로 인해 생기는 몰입은 일상의 바쁨에서 벗어나 색다른 경험을 준다.

독일 시인 프리드리히 실러(Friedrich Schiller)가 "인간은 놀이를 즐기고 있을 때만 완전한 인간이다."라고 말했다. 아이에게 놀이는 해도 되고 안 해도 되는 선택 사항이 아니라 본능적인 욕구나 다름없다. 먹고 자는 원초적 욕구가 채워지지 않으면 살아갈 수 없듯이 아이에게 놀이가 없다면 발달 과정에도 문제가 될 수 있다.

놀이는 대단히 자유롭다. 하고 싶을 때 하고, 하기 싫을 때 멈추면 된다. 노동이나 공부와 달리 스스로 할 것인지 아닌지를 선택할 수 있다. 또한 놀이의 큰 장점은 무한한 상상력을 자극한다는 데 있다. 가령 아이들이 소꿉장난을 할 때 보면 알 수 있다. 엄마, 아빠를 가정해서 역할극을 한다. 이처럼 현실을 벗어나 자신만의 상상력을 스스로 만든다.

사람들은 놀이에 대한 인식이 그다지 좋다고만 볼 수 없다. 누군가에게 '놀고 있다.'라는 말을 듣는다면 대부분 기분 좋게 받아들이기 쉽지 않다. 이렇듯 '논다' 또는 '놀이를 한다'는 것에 부정적인 인식을 갖는 경우가 많다. 왠지 놀면 다른 사람들보다 뒤처질 것 같고, 항상 열심히 해야 할 것 같다. 짧은 시간에 고도성장한 우리나라에서 더욱 두드러지는 현상이다. 나도 우리 아이들이 노는 꼴을 보면 불안하고 참을 수 없을 때가 많다. 더더군다나 게임을 하고 있으면 버럭 소리를 치곤 한다.

부모들은 누구나 내 아이와 잘 놀아주고 싶어 한다. 아이와 충분히 교감을 나누면서, 아이와 즐거운 놀이를 해주기 위해 고민을 많이 한다. 아이가 잘 놀아야 쑥쑥 잘 크고, 아이가 행복해야 부모도 행복하다. 그러나 이 노력은 초등학교에 들어가면 바뀌게 된다. 주변의 아이들과 경쟁을 시켜야 하는 현실에 봉착한다. 아이가 태어났을 때만 해도 '건강하게만 자라다오.'라고 생각하지만 이내 부모들은 자식에 대한 기대로 아이에게 공부를 강요한다. 아이들은 어른의 눈을 피해 몰래 놀면서 죄의식을 가진다. 부모들 또한 아이들의 이런 모습을 보며 안타깝게 여긴다. 부모들은 막연히 경쟁 사회에서 뒤처질까 하는 우려에 여러 학습지를 시키고,

아이가 더 자라면 많은 입시학원 때문에 부모의 등골이 휘는 것이다.

내 아이들은 수업을 마치고 집에 오면, 핸드폰과 패드를 제일 먼저 찾는다. 그러곤 이내 게임에 빠져든다. 소파에 삐딱하게 누워 손가락만 움직이며 꼼짝하지 않는다. 그만하라고 소리치지 않으면 언제 멈출지 모른다. 한번은 첫째 아이가 게임 속 아이템을 몰래 구매하여 엄청 혼낸 적이 있다. 아이가 미성년자이기 때문에 부모 계정을 사용해 카드결제를 한 것이다. 결국 아이는 싹싹 빌며 용서를 구했다. 아이는 다시는 그런 잘못을 반복하지 않겠다고 약속했다. 그러곤 나는 해당 게임회사에 전화해서 아이템 환불 요청을 했다. 전자상거래법 규정에 따르면 대략 7일 이내에 환불 요청을 하면 대부분 되돌려준다.

사실 나는 게임 회사에서 개발자로 오랜 기간 일했다. 나는 게임 개발자 시절, 신규 게임 제작에 들어가면 중요하게 여기는 것이 있다. 바로 아이들의 코 묻은 돈을 어떻게 빼내느냐 하는 것이다. 게임 업계에서 아이들은 주요 고객층이다. 아이들의 소비심리 분석과 생활 패턴에 대한 연구도 했다. 출시 막바지에는 밤을 새며 사내 마케터와 전국 PC방 사장님 대표들과 매출을 끌어올리기 위한 여러 방안에 대해 협의했다. 그리고 즉각 게임 개발에 반영한다.

'어떻게 하면 아이들이 캐릭터와 아이템을 많이 구매하게 할 수 있을까?'

‘게임을 오래 하게 하려면 어떤 기능을 넣어야 할까?’
‘어떤 광고 수법을 사용해야 게임에 쉽게 접근할 수 있게 할까?’

이런 주제는 게임 업계에선 중요한 이슈다. 하지만 지금은 정반대가 됐다.

‘어떻게 하면 내 아이들이 게임을 그만하게 할 수 있을까?’
‘게임에 빠지지 않게 하려면 어떻게 해야 하지?’
‘게임 때문에 성적이 떨어지면 어떡하지?’

이런 고민을 하게 된다. 나 또한 여느 부모처럼 아이의 성적에 목을 매고, 주변 아이들보다 공부를 더 잘하기를 바란다. 막연하게 미래의 주인공이 돼서 사회의 인재가 되길 원한다. 나만큼은 그러지 않을 줄 알았다. 최소한 게임에 대한 인식에 관대할 줄 알았다. 하지만 아이러니하게도 예전의 개발자에서 현재 육아를 담당하는 부모 입장이 이리 다를 수 있다니.

세상은 빠르게 변하고 있다. 요즘 세상은 디지털 시대인지라 변화의 속도를 체감하기 힘들 정도다. 빠르게 변화하는 세상에는 새로운 세대가 나오고 그들만의 문화를 만들어간다. 새로운 세대의 행동, 가치관은 부모 세대들이 만들어놓은 틀과 확연히 다르다. 또한 그들은 놀이 도구와 방법도 다르다. 지금은 미디어 매체의 발전으로 인해, 요즘 아이들이 가장 즐기는 놀이는 게임이 됐다. 그러나 게임에 대한 부모들의 부정적인 인식으로 인해 세대 갈등마저 일으키고 있다. 한국의 부모들이 게임을 부정적으로 여기는 가장 큰 이유는 공부와 관련이 있다. 아이들의 성적이 떨어질 때마다 그 원인을 게임으로 돌리며, 게임을 공격 대상으로 여긴다.

최근 프랑스 데카르트 대학에서 학부모들의 생각과 상반되는 연구 결과가 나왔다. 유럽 청소년 3천 명을 대상으로 실험을 진행했다. 결과에 따르면, 일주일에 다섯 시간 이상 게임을 한 그룹이 그렇지 않은 그룹보다 학업 성취도와 정신건강이 더 우수한 것으로 나타났다. 게임을 꾸준히 한 그룹의 종합적인 학습 능력이 1.9배나 높았다. 이 외에도 게임이 학습에 미치는 영향이 긍정적으로 나온 사례는 많다.

이처럼 게임은 아이들의 의식 성장과 학업에 도움을 줄 수 있다. 또한 아이들과의 소통을 돕는 훌륭한 도구가 될 수 있다. 그러기 위해선 부모의 역할이 매우 중요하다. 부모들이 먼저 게임에 대한 선입견을 버리고 게임에 대해 알아야 한다. 게임을 제대로 아는 것부터가 아이들과 소통할 수 있는 출발점이다.

대다수의 아이들은 정답 맞히기 교육 속에서 진정한 놀이문화를 즐기지 못하고 있다. 제대로 된 관심과 소통이 사라진 환경에서 우리 아이들은 결핍을 채우기 위한 수단으로 컴퓨터와 핸드폰을 사용하고 있는지 모른다. 하지만 미래의 시대는 '디지털 놀이', '게임'을 필요로 하고 있다. 이런 시대의 흐름을 무엇으로도 막을 수 없다. 우리 아이들을 위해서라도 게임을 부정적으로만 바라보는 시각에서 벗어나야 한다. 새로운 세대의 놀이문화로 받아들이고 게임에 대한 이해를 바탕으로 건전한 게임문화를 안착시켜야 할 것이다.

02

게임에는 놀이의 기능이 있다

최근 OECD가 연구해 발표한 "2030 학습 개념틀(Education 2030 Learning Framework)"을 보면, 미래의 인재 양성을 위해 기존의 교육 방식에서 벗어난 새로운 '틀'이 제시되어 있다. 이를 적극 통감한 일선 교육자들이 교육 개정의 필요성을 주장함에 따라, 이에 국가 주도적으로 누리 과정에 대한 개정이 마무리됐다. 개정은 크게 세 가지에 주안점을 뒀다. 첫째는 '유아 중심', 둘째는 '유아 놀이', 셋째는 '교사의 교육 실천 자율성 보장'이다.

기존에 가르치던 설명식 교육으로는 미래의 역량을 키우기가 어렵다 판단하여, 학생들이 보다 주도적으로 문제를 파악하고 해결하도록 하는 공교육 방식을 제시했다. 특히 유아교육 분야의 변화가 주목된다. 지나치게 획일화되고 추상적인 교육안의 실행으로 놀면서 스스로 배워야 할 중요한 유아기를 제대로 된 교육을 받지 못하고 지나치게 됐다는 것이다.

일찍이 유럽에서는 국가 주도하에 새로운 방법으로 창의력을 키우는 놀이를 과학적으로 연구해왔다. 유럽 선진 국가에서는 '놀이연구소'를 설립하는 등 놀이가 아이들 뇌에 어떤 영향을 끼치는지에 대한 '뇌 과학' 연구에 집중해왔다. 국가가 아이들 놀이의 가치를 존중하고 발전시킨다는 점은 우리로선 무척 부러운 일이다. 영유아 아이들의 놀이를 과학적 접근을 통해 보다 근본적으로 교육에 적용하는 것은 국가 미래에 있어서도 정말 중요한 사항이다. 특히 신체적 발달과 정신적 발달이 빠른 영유아기는 '생각하게 만드는 놀이'를 통해 올바른 성장 과정을 보내야 할 것이다.

어느새 아내와 내가 가정을 꾸린 지 10년이 넘었다. 돈 때문에 미루고 미루던 결혼에 연애 10년 만에 골인하고, 18평 남짓 꽤 오래된 아파트에서 신혼살림을 꾸렸다. 그동안 결혼생활을 하면서 우리 집은 대여섯 번 이사했다. 직장과 가까운 서울 근교에서 살다가 첫 아이가 생기면서 서울과 점점 멀어졌다. 나 혼자의 돈벌이로는 아이 육아와 생활비를 감당하기 힘들었기 때문이다. 첫 아이가 점차 커가면서 아이의 장난감이 너무 많아졌다. 내 아이의 사촌들에게 받은 것과 첫아이라고 아낌없이 사 준 것들이 모이다 보니 창고 방에 반을 차지했다.

2년 주기로 전세 만기가 다가오면 우리 부부는 이사 걱정에 고민이 많았다. 첫째 아이는 커가고 둘째 아이도 가질 생각이라 큰 집을 구해야 했다. 그러다 보니 삶의 터전이 점점 더 아래로 내려가게 됐다. 둘째 아이가 태어나 네 살이 됐을 무렵 분양권에 당첨되어 생애 최초로 주택 마련을 하게 됐다. 처음 우리만의 집을 장만했다는 사실에 아내와 나는 이루 말할 수 없이 기뻤다. 이사 전날 이삿짐을 꾸리려는데 아이들 장난감이 산더미였다. 이삿짐센터 박스로 5박스는 족히 나왔다. 항상 이사를 할 때면 아이들의 장난감이 골칫거리다. 쓰다가 망가진 것들과 평소 갖고 놀지 않는 것들까지 합치면 그 양이 엄청났다. 이사할 때 이것들은 항상 나를 난감하게 한다. 혹여나 내 맘대로 장난감을 버리는 날엔 아이들은 난리법석을 떨며 찾는다. 그래서 나는 이사할 때 부서진 장난감 하나라도 버리기가 망설여졌다.

첫째와 둘째 아이는 다섯 살 터울이다. 나이 차이에 비해 둘은 엄청 잘 노는 편이다. 집에 있는 장난감은 주로 둘째 아이가 좋아하는 동물, 공룡, 블록과 같은 어린아이 수준에 맞는 것들이다. 하지만 초등학교 5학년인 첫째는 이런 장난감으로 둘째와 참 잘 놀아준다.

둘째 아이, 준영이가 유치원을 마치고 집으로 오면, 창고 방에 들어가 장난감 상자를 하나둘씩 꺼낸다. 그리고 거실 바닥에 발 디딜 곳이 없을 만큼 온통 장난감으로 난장판을 만들어놓는다. 공룡, 동물, 로봇, 블록 등 종류도 각양각색이다. 특히 고가의 레고 블록은 크기도 작고, 가지 수가 너무 많아서 한번 부서지고 나면 원상 복구하기가 정말 힘들다. 요즘 아이들 장난감 수준을 보면 장난이 아니다. 네 바퀴 달린 경찰차나 소방차를 손으로 질질 끌며 놀던 어른들이 보면 충격을 받을 정도다. 옛날 부모 세대들이 가지고 놀던 장난감과는 차원이 다른 스케일을 자랑하기 때문이다.

준영이는 혼자 뭐라고 중얼거리며 장난감과 대화하듯 말했다. 나름 자신만의 이야기를 짜서 공룡과 로봇 진영을 서로 나눠 한바탕 전쟁을 한다. 때리고, 던지고 하는 사이 장난감은 부서지기 일쑤다. 게다가 학원에서 돌아온 첫째 아이가 놀이에 합류하는 날엔 수습 불가능한 상황이 닥친다. 이렇듯 아이들은 집이 난장판이 되든 말든 놀이에 몰두하여 스스로의 재미에 푹 빠져들었다.

이런 내 아이들의 노는 모습을 보면 문득 내 어릴 적 아버지와 놀던 생각이 난다. 때때로 아버지와 나는 딱지치기와 구슬치기를 하며 즐거운 시간을 보냈다. 집 앞마당에서 힘껏 딱지를 내려치면 "빵, 빵" 하는 소리가 온 동네에 울려 퍼졌다. 지나서 생각해보면 아버지는 나를 위해 항상 져주셨던 것 같다. 옛 놀이를 통해 아버지와 함께했던 소중한 기억은 오래도록 내 마음속에 남아 있다. 어느 날 우리 가족은 지방으로 이사하게 됐다. 조그만 용달차에 얼마 되지 않는 세간살이를 끈으로 동여매고는 아버지가 손수 운전을 하셨다. 아버지가 잡고 있던 핸들 앞으로 내 딱지와 구슬이 한가득 놓여 있었다. 아버지는 반짝이는 유리구슬을 보시고는 "우리 막내아들 보물 1호가 제일 편한 자리를 차지하고 있네."라고 하시곤 미소를 지으셨다. 지금 요양원에 누워 계신 노쇠한 아버지를 뵐 때면 그때의 추억이 떠올라 가슴이 먹먹해진다.

내 어린 시절은 아날로그 방식의 놀이로 추억을 만들던 시기였다. 하지만 오늘날 아이들은 디지털을 이용한 온라인게임 놀이로 어린 날의 추억을 만들고 있다. 영유아 시절에는 '오감'을 이용한 놀이가 중요하다. 직접 두드리고 만져가며 아이의 감각을 키움으로써 건강한 신체로 자라나는 것이다.

아이들은 그 연령대에 맞는 장난감이 있다. 유아 때는 주로 감각을 키우는 것들이고, 유치원에 들어가면 감각과 머리를 같이 쓰는 놀이로 성장한다. 그러곤 초등학교 3~4학년에 들어서면 손으로 만져서 노는 장난감은 대부분 사라진다. 고학년으로 올라가게 되면 열이면 열 모든 학생들은 게임을 한다. 핸드폰 게임이든 PC용 게임이든 여러 경로로 게임에 접한다. 그 이후론 공부와 게임 사이에서 줄곧 줄타기하며 생활한다.

어떻게 보면, 나는 아날로그와 디지털을 동시에 누린 세대라 볼 수 있다. 한국의 고도성장으로 인해 경제적 혜택과 문화적 혜택을 누렸다. 나를 거쳐간 놀이를 보면 시대의 흐름을 알 수 있다. 어릴 적엔 주로 몸을 사용했던 추억의 놀이가 떠오른다. 중, 고등학교 때는 바쁜 학업으로 인해 기억나는 것이 별로 없고, 대학에 가서는 당구에 빠져 살았다. 군 제대 후 PC방과 노래방은 친구들과 어울려 다니는 단골 코스였다. 이제 중년의 나이가 되니 어느새 골프 채널만 보게 된다. 이처럼 놀이는 그 시대와 세대를 반영하는 아이콘이다.

내 아이들의 주 놀이는 게임이다. 이 시대가 수요와 공급이라는 자연 법칙에 의해 게임을 탄생시켰다. 하지만 게임은 한 시대에만 거쳐 사라질 그런 놀이문화가 아니다. 게임이 가지고 있는 개념은 너무 포괄적이고 사회 전방위적으로 연결돼 있다. 지난날 놀이가 게임이 됐고, 게임은 단지 하나의 놀이로 그치지 않을 것이며, 그 자체로서 문화를 형성할 것이다.

아이들에게 놀이는 꼭 필요한 것이고, 기술의 발전과 더불어 게임은 성장할 수밖에 없다. 모든 게임은 놀이에서 착안되어 만들어진다. 게임 개발의 초기 기획 단계는 놀이의 영역 안에서 시작된다. 그래서 게임 개발자는 순수 놀이를 통해 새로운 아이디어를 얻어서 게임에 적용한다. 그 놀이의 재미가 스며든 게임은 사용자들에게 오랫동안 사랑받게 된다. 세월이 지나도 변함없이 즐기는 옛 놀이처럼 말이다.

놀이의 특성을 보면, 누군가에 의해 제시된 과제나 활동이 아닌 아이들의 자발적인 활동에서 시작된다. 아이들에게 놀이는 의무적인 활동이 아니라 자기 주도에 의해 이루어진다. 하고 싶을 때 시작해서 싫증나면 그만두면 된다. 그만큼 놀이에는 게임에서 볼 수 있는 자발성이 중요하다. 또한 놀이는 어디까지나 순간순간의 즐거움, 기쁨, 만족에 의해 존재한다. 놀이는 사회적 가치를 실현하거나 어떤 결과를 만들고자 하는 목적성이 없다. 아이들은 놀이를 통해 매순간 성취감을 느끼며 긍정적인 체험을 하게 되는 것이다. 그것은 놀이의 결과로 나올 뿐 목적으로써 전제되는 건 아니다. 그 옛날 내가 아버지와의 놀이를 손꼽아 기다린 것은, 어떤 목적이 있기보단 단지 아버지와 함께 재밌게 놀고 싶어서였다.

놀이는 상호 관계가 있어야 훨씬 더 즐겁다. 혼자 하는 놀이는 금방 싫증나기 마련이다. 또한 상호 관계 맺음 없이 홀로 TV를 보거나 컴퓨터 게임을 하는 경우, 중독으로 빠질 가능성이 높아진다. 유치원생인 내 아이가 놀이터에서 노는 모습만 봐도 쉽게 알 수 있다. 친구들 없이는 아예 놀이터에 나가지 않는다. 하지만 친구들과 어울려 노는 날엔 해가 저무는 줄 모른 채 놀곤 한다.

또 놀이는 예측 불가능해야 재밌다. 뻔한 결과가 나오는 놀이는 아이들에게 재미를 주지 못한다. 무슨 일이 어떻게 벌어질지 모르는 상황에서 아이들은 의외의 결과에 '빵' 터지는 것이다.

놀이의 본질은 현실 세계와는 달리 상상과 허구의 공간이며 아이들은 그 세상을 현실처럼 여기며 즐긴다. 아이들은 놀이를 통해 상상력을 넓히고 시공간을 넘나든다. 시대와 세대를 초월하는, 놀이만의 변하지 않는 기능이 있는 것이다.

내가 내 아이들과 함께 하는 게임에도 어릴 적 내 아버지와 함께하던 놀이가 투영된다. 현재 게임은 첨단 기술과 결합해 과거의 기억까지도 되살리는 경지에 다다랐다. 우리는 게임의 영역이 어디까지 확장될지 가늠하기 어렵다. 그만큼 놀이에 기초한 게임은 현실의 제약에 얽매이지 말고, 아이들의 자유로운 상상 속에서 태어나야 한다.

03

우리 아이들은 게임을 하며 소통한다

어느 때부턴가 둘째 아이가 집에 오면 나에게 유치원에서 있었던 얘기를 하지 않았다. 무언가를 물어보면 대충 대답하거나 피했다. 그래서 가끔 유치원에 전화해서 원내 생활을 물어보곤 했다. "준영아! 오늘 유치원에서 뭐 했어?" 하고 물어보면 아이는 "몰라. 생각이 잘 안 나."라고 대답했다. 그럴 때면 내심 불안한 마음이 생겨 여러 번 묻게 되고, 이내 아이는 짜증을 냈다.

내가 아이를 돌보는 동안에 아내는 식당일을 도맡아 한다. 우리 부부는 3년째 감자탕 전문 식당을 운영하고 있다. 아내는 아이들에 대한 애착심이 유난히 강하다. 식당일이 바쁜 와중에도 준영이가 유치원에서 올

시간이면 여지없이 전화를 해서 하루 일과에 대해 묻는다.

"뭐 하고 놀았어?"

"어떤 재밌는 일이 있었어?"

"누가 괴롭히진 않았니?"

"밥은 잘 먹었어?"

아이는 매일 겪는 일이라 건성으로 대답한다. 아내는 식당일로 인해 아이에게 사랑을 덜 주지 않을까 항상 노심초사한다. 예전에 내가 직장에 다닐 땐 하루의 대부분을 아이들과 시간을 보내며 남다른 사랑을 주는 엄마였다. 지금도 늦은 밤에 일을 마치고 오면, 제일 먼저 잠자는 아이들의 볼에 뽀뽀를 한다. 때때로 아내는 씻지도 않고 아이들을 껴안고 잠이 들 때도 있다. 우리 속담에 "사랑은 내리사랑"이란 말이 있다. 아내의 극진한 사랑이 아이에게는 귀찮은 존재일 수도 있다.

올해 일곱 살이 된 준영이는 평소에 질문이 많은 편이다. 주변에 있는 모든 것들이 궁금해지는 나이다. 나는 곰곰이 생각해보았다. 아이가 질문을 던지기 위해 얼마나 많은 생각을 했을까? 그리고 그 아이의 물음에 나 자신은 어떤 대답을 원하고 있는 건 아닐까? 종종 원하는 대답을 듣지 못하면 화를 내는 나 자신을 발견한다. 아이와 소통하고 싶다면 아이의 눈높이에 맞게 대화하며 생각할 시간을 줘야 한다. 진심 어린 소통은 부모로서 아이에게 사랑을 전달하기 위한 출발점이다.

그렇다면 아이와 소통을 잘하려면 어떻게 해야 할까? 우선 아이를 진정으로 이해해야 한다. 이해한다는 것은 내가 원하는 대답을 듣기 위함이 아니라 아이가 얘기할 때, 아이가 나를 보며 느낄 감정에 대해 살펴보는 것이다. 만약 부모의 중심에서 대화를 시작한다면 아이는 심리적으로 거부감이 생겨 점차 대화가 줄어들 것이다. 아이가 어떤 대답을 하든지 부모가 온전히 이해하고 있다는 것을 느낀다면 아이는 스스로 말문을 열 것이다.

부모들은 아이들에게 많은 질문을 한다. 질문하기 전에 내 아이에게 해야 할 질문인지 잠시 생각하자. 그리고 아이의 대답에는 부모에게 내심 인정받고 싶은 마음이 있다. 오래전 아이였던 부모들도 칭찬을 받았을 때 가장 신이 났듯이, 현재 내 아이들에게도 칭찬을 아끼지 말아야 한다.

최근 뉴스에는 학교 폭력이나 따돌림으로 인한 사건 사고가 연일 보도되면서 학부모들의 불안감이 커지고 있다. 폭력의 수위도 올라가고 가해자 학생의 연령도 낮아지는 추세다. 이런 상황은 대부분 가족끼리의 대화가 부족하여 발생한다. 친구나 이성 관계, 성적 부진, 미래의 불안감 등 아이들의 고민을 들어주고 소통하면 해결된다. 또한 학교 안팎으로 불안 요소는 널려 있다. 요즘 아이들은 일찍부터 스마트폰의 사용으로 사이버 범죄에 노출되기 쉽다. 사이버 공간은 모르는 사람이 접근하기 용이하고, 익명성도 보장되기 때문에 범죄에 악용되는 것이다. 특히 소통이 부족한 가정일수록 위험에 노출될 가능성이 높다. 혹여 아이가 실수로 범죄에 휘말리더라도 솔직히 털어놓을 상대가 없다. 소통이 잘 되려면 먼저, 부모와 자식 간에 탄탄한 신뢰가 뒷받침돼야 할 것이다.

요즘 10대 아이라면 누구나 한 번쯤은 게임에 빠지게 된다. 열두 살, 첫째 아이는 적당히 게임을 즐긴다고 생각하지만, 아이 생각과 다르게 나는 지나치게 게임을 많이 한다고 생각한다. 아이와 나는 '게임을 하는 것' 자체에 대한 인식이 다르기 때문에 나오는 갈등이다. 또한 가정에서 부모가 쥔 주도권을 아이와 나누는 것이 중요하다. 부모가 주도권을 완전히 잡고 있으면 아이는 부모에게 자신의 얘기를 쉽게 털어놓으려 하지 않을 것이다. 집에서 주도적으로 할 수 있는 일이 없으니 집 밖이나 사이버 공간에서 떠도는 것이다.

둘째 아이가 세 살이 되던 해에 우리 가족은 베트남에 위치한 휴양지, 다낭으로 여행을 떠났다. 당시 아내는 둘째를 낳고 육아에 몹시 지쳐 있었다. 3년 동안 여행다운 여행을 해보지 못했다. 우리 부부는 둘째 아이를 임신했을 때 친한 이웃 가족과 해외여행을 위한 '계'를 들었다. 매달 차곡차곡 쌓여서 제법 목돈이 됐다. 우리 가족을 포함해 12명의 인원이 해외여행을 위해 길을 나섰다. 지금은 코로나19로 인해 여행은 엄두도 못 내지만, 그땐 그 많은 인원이 해외여행을 갈 수 있다는 건 축복이었다. 우리는 홍콩을 경유하여 베트남 다낭에 도착했다. 정말 오랜만의 여행인지라 어른 아이 할 것 없이 들뜬 기분이었다. 다낭은 베트남의 대표적인 휴양지라 한국 사람들이 많이 찾는 곳이다. 세계 각지 다양한 사람들이 휴식을 취하러 온다. 또한 베트남은 러시아에서 개발 투자를 많이 한 탓인지 러시아 여행객이 많았다.

우리는 리조트에 짐을 풀고 바닷가를 거닐며 한가로운 시간을 보냈다. 어느덧 저녁 식사 시간이 되어 로비로 향했다. 리조트의 저녁 식사는 매우 고급스럽게 차려진 뷔페였다. 오랜만에 세 가족들은 즐거운 담소를 나누며 만찬을 즐겼다. 한참을 이야기하다 보니 아이들이 보이지 않았다. 나는 아이들을 찾으러 여기저기 둘러보다가 로비 구석 소파에서 아이들을 발견했다. 그런데 우리 아이들만 있는 게 아니라 또래 러시아 아이들도 같이 있었다. 가까이 가서 보니 서로 말도 통하지 않는데, 핸드폰을 보며 게임에 관한 얘기를 하는 듯했다. 손짓, 발짓을 하며 서로 어울려 게임을 시도하려고 했다. 요즘 대부분의 게임은 세계 각국의 언어를 지원한다. 일단 게임을 같이 하려면 게임하는 주체가 친구 초대를 해야 한다. 나는 내 아이의 핸드폰에 설정되어 있는 언어를 영어로 바꿔서, 러시아 아이를 초대해 서로 게임을 할 수 있도록 도와주었다. 두 나라의 아이들은 말은 통하진 않았지만, 서로의 눈빛으로 소통하듯 게임을 즐겼다. 한참 동안 게임을 하고는 서로 '하이파이브'를 하고 헤어졌다. 나로서는 신기하면서도 어이가 없었다. 역시 게임은 언어의 장벽을 넘을 만큼 뛰어난 소통 수단임을 절감하는 순간이었다.

아이를 키우는 부모라면 PC방에 한번 가볼 필요가 있다. 초등학생들이 수업이 끝나면 PC방으로 몰려든다. '초등학생들이 떴다.' 하면 일반 성인들은 슬슬 자리를 피한다. 왜냐하면 시끄러워서 게임에 집중할 수 없기 때문이다. 요즘 초등학생들은 '배틀그라운드'나 '오버워치' 같은 FPS 장르(1인칭 슈팅게임)의 게임을 즐긴다. 이런 장르는 서로의 의사소통이 중요하다. 서로 팀을 짜서 적군을 섬멸하는 게임이다 보니, 같은 편끼리 협동을 하여 각자 맡은 역할을 잘 소화해야 승리할 수 있다. 게임이 시작되면 난리도 아니다. 서로 게임이 잘 안 풀리면 목소리가 더 커진다. 아이들 중에 게임 고수가 플레이를 주도하며 실제 전투처럼 실감나게 게임한다. 게임에 몰입하여 무아지경에 빠지는 것이다. 부모가 이 광경을 목격한다면 "공부를 저렇게 하면 전부 서울대 가겠네!" 할 것이다.

이쯤 되면 게임을 즐기는 행위가 아이의 일상에서 중요한 부분으로 자리를 잡았다는 것을 알 수 있다. 부모는 아이와 소통하기 위해선 먼저 게임에 대한 지식이 필요하다. 아이가 어떤 게임에 빠져 있는지를 파악하고, 실제로 그 게임을 해보기를 권한다. 기본적인 정보를 습득했다면, 아이의 눈높이에서 게임에 대해 얘기하며 소통할 수 있을 것이다. 아이가 즐기는 게임의 장르가 무엇인지, 레벨이 몇인지, 아이템의 수준은 어떠한지에 대한 파악이 필요하다. 물론 먹고사느라 정신없겠지만, 정작 자신의 아이가 게임의 '과몰입'으로 중요한 시기를 허비할 수 있다.

처음 아이와 게임에 대한 얘기를 할 때 좋은 방법은 "아빠가 해보니 이 부분에서 더 진행할 수 없네."라고 하면 아이는 신이 나서 설명을 해줄 것이다. 아이의 마음이 열렸다면 좀 더 게임에 대한 근본적인 대화를 할 수 있다. 왜 이 게임이 좋은지, 언제부터 즐기게 됐는지, 누구와 게임을 하는지 등 이렇게 게임 얘기를 하며 자연스레 속마음을 털어놓는 것이다. 그러면서 서로 간에 신뢰가 쌓이고 마음의 벽이 허물어지는 것이다.

미국의 심리학자 칼 로저스(Carl R. Rogers)는 아이와 소통하려면 진정성, 공감, 수용을 강조한다. 부모는 아이와 진정성 있는 대화로 친밀도를 높이고, 아이가 잘못했을 때 부모도 잘못에 대한 책임을 인정하고, 미안한 마음을 분명히 해야 한다. 부모의 공감은 아이의 닫힌 마음을 열리게 하고, 고민을 털어준다. 아이의 감정에 적극 공감해주고 대안을 함께 찾는 데서 아이와 더욱 더 가까워질 것이다.

모든 부모들은 게임에 빠져 있는 아이의 속마음이 궁금하고, 아이의 미래를 걱정한다. 게임을 사이에 두고 부모와 아이가 긍정적으로 연결되기 위해선 진심 어린 소통과 이해가 필요하다. 부모 세대가 바라보는 게임에 대한 시각은 막연한 공포심일 수 있다. 하지만 우리 아이들이 즐기는 게임은 이미 삶의 일부분이 되었다. 게임을 통해 친구를 사귀고 자존감을 높이며 미래의 꿈을 꾼다. 어쩌면 어른들이 우려하는 것보다 우리 아이들은 훨씬 괜찮은 삶을 살고 있는지 모른다. 아니, 괜찮은 정도가 아니라 대단한 존재가 될 것이다. 그렇다면 아이들이 대단한 존재로 살아가려면 어떻게 해야 할까?

예전에 오락실을 들락거리던 코흘리개 어른들이 우리 아이들의 게임 문화를 어떻게 바라보느냐가 아이의 미래를 결정지을 것이다.

04

게임 속 세상에는 아이들만의 아바타(Avatar)가 있다

여름이 지나고 가을이 오면 으레 우리 집은 대청소를 한다. 여름 내내 꿉꿉했던 이불을 털고, 햇볕에 말린 후 세탁기에 넣고 빨래를 한다. 옷장에 있는 여름옷을 가지런히 접어서 옷장 깊숙한 곳에 넣는다. 여름옷이 있던 자리에 가을, 겨울옷으로 바꿔서 아이들이 쉽게 꺼내 입을 수 있게 앞쪽으로 진열해놓는다. 나는 옷장을 정리하다가 오래된 인형 하나를 발견했다. 묵은 먼지를 털고 자세히 보니 지율이가 4살 때까지 항상 손에 들고 다니던 하얀색 스누피 인형이었다. 언젠가 놀이동산에 놀러 갔다가 사줬던 인형이다.

지율이는 이 스누피 인형을 너무나도 좋아했다. 밤이 되어 잠자리에 누우면 항상 품에 안고 자고, 밥을 먹을 때도 언제나 무릎에 올려놓았다. 놀이터에서 친구들과 놀 때도 늘 끼고 있었다. 한번은 인형에 줄을 달아서 팔에 묶어주기도 했다. 지율이가 하얀 스누피 인형과 온종일 뒹굴다 보니 인형에서 쾌쾌한 냄새도 나고, 손때가 묻어서 세탁을 해야 했다. 지율이는 인형이 보이지 않자, 불안한지 낮잠도 안 자고 간식도 먹지 않았다.

지율이는 어느 날부터 자신의 분신인 양 인형을 꾸미기 시작했다. 모자도 씌우고 가방을 메 주었다. 인형과 서로 대화하는 걸 보고 있자니, '내가 사랑을 덜 주고 있나?' 하는 생각까지 들었다. 그렇게 아이가 애지중지하던 인형은 유치원을 다니면서 손에서 멀어졌다. 아마도 유치원에서 새로운 친구들을 사귄 뒤로 인형에게 보이던 관심이 사라진 듯했다.

나는 옷장 청소를 하면서 스누피 인형을 들곤 "지율아! 너 어릴 때 분신처럼 들고 다니던 인형이야." 하고 말하니까 이미 열두 살이 된 지율이는 믿기지 않는다는 듯 헛웃음을 지었다.

내 어릴 적 기억에도 옆집 할아버지가 나무를 깎아 만들어주신 목각인형이 있었다. 우리 집이 이사하는 바람에 목각인형이 없어져 엄청 울었던 기억이 있다. 시대가 바뀌어도 인형이라는 대상에 아이가 감정을 이입하는 것은 본능인 듯하다. 영유아 시기는 사회성이 아직 덜 발달하다 보니, 또래들과 어울리기보단 집에서 혼자 있는 시간이 많다. 물론 부모가 곁에서 돌보지만 아이에게는 또 다른 감정 충족이 필요하다. 예를 들면 또래 친구와 형성되는 관계나 분신처럼 대하는 인형이 그것이다.

요즘 세대의 아이들은 Z세대라 불린다. 90년대 중반 이후에 태어나 소통에 적극적이며 직접 경험하는 것을 즐기는 세대다. 흥미로운 것에 아낌없이 투자하며 새로움을 추구한다. 디지털 환경에 익숙하다 보니 최신 트렌드와 이색적인 경험을 좇는 세대다. 앞으로 Z세대는 사회 전반에 걸쳐 핵심적인 위치에서 경제, 문화를 이끌 것이다. 이런 흐름에 발맞추어 게임 시장도 변하고 있다.

Z세대를 알려면 '메타버스'를 알아야 한다. 메타버스 세상은 이미 현실 진행형이며, 메타버스 공간에서 만들어진 인기 게임도 계속 출시되고 있다. 아이들은 이 가상현실에서 모르는 사람들과 사회적 관계를 맺고, 서로 어울려 놀고, 함께 찍은 사진을 SNS에 올리기까지 한다. 자신의 얼굴을 자동으로 인식한 후 비슷하게 변형시키기도 한다. 또 가상세계에서 옷도 갈아입고 자신만의 방도 꾸밀 수 있다. 한마디로 우리 아이들은 아바타로 살아가는 세상 위에 있다.

2000년대 초반에 부모 세대들도 '싸이월드'라는 가상공간에서 사람들과 소통하고 자랑거리를 뽐내던 시절이 있었다. 그립던 초등학교 친구들과 연락이 닿고, 잊었던 옛 친구를 찾기도 했다. 지금의 기술에 비하면 형편없는 그래픽과 연출이지만 그 시절의 싸이월드는 혁신적인 커뮤니티 창구였다.

나는 게임 개발을 시작한 지 얼마 되지 않은 시점에 운 좋게 성공한 게임을 만들었다. 컴퓨터 온라인 게임으론 스포츠 게임 분야에서 최초로 성공한 사례이다. 이 게임으로 단숨에 업계에서 주목받는 회사가 되었다. 그 시절 IT 분야가 대부분 그러했지만, 게임 업계 역시 '모 아니면 도'인 경우가 많다. 제대로 한 방 터뜨리면 업계의 판을 뒤집는 거고, 안 되면 그걸로 끝이던 시기다. 게임은 다른 분야와 달리 실패를 하면 건질 수 있는 게 별로 없다. 제조업이 실패하면 상품이나 거래처가 남지만, 게임이 실패하면 컴퓨터와 책상만 남는다. 그만큼 실패로 인한 두려움을 극복할 수 있는 두둑한 배짱이 필요하다.

내가 성공한 게임에는 다양한 캐릭터들이 등장한다. 일반적인 캐릭터뿐만 아니라 그 시대에 유명한 스포츠 선수나 연예인을 게임에 등장시킨다. 특히 유명 연예인이 업데이트되면, 광적인 호응과 함께 구매를 서슴지 않는다. 따라서 요즘 아이들이 선호하는 트렌드에 맞춰 의상, 신발, 액세서리 등을 만든다. 게임이 출시되면 이 부분이 회사의 주요 매출이기 때문에 시장 조사에 철저히 대비하는 것이다.

게임이 성공하면 유명 연예인을 상대로 광고를 찍는 경우가 많다. 초기에 연예인 마케팅에 투자하면 충분히 본전 이상을 뽑을 수 있기 때문이다. 당시 우리도 인기가 높은 걸그룹을 상대로 마케팅을 했다. 나는 실제 광고 촬영에 참여하여 게임과 어울리게 조율하는 역할을 했다. 게임

촬영에 필요한 의상은 독특하고 개성이 넘쳐야 한다. 평범한 의상과 아이템은 사용자들에게 인기가 없기 때문이다. 현실에서 구하기 힘든 독창적인 아이템이 유저의 반응도 좋고 비싼 가격에 팔리게 된다.

나는 걸그룹 멤버들의 전신과 얼굴을 각각 360도 회전하며 촬영했다. 그 영상을 토대로 게임에서 필요한 3D 캐릭터 모델링을 제작했다. 최대한 모델의 특징을 살려 게임에 올리면, 신규 아이템을 목이 빠지게 기다린 아이들이 쌈짓돈을 풀게 된다. 신규 아이템을 올리고 다음 날 출근하면 제일 먼저 아이템별 매출을 확인하는 것이 일과의 즐거움이었다. 벌써 그때가 십수 년 전이니 지금은 아이들의 눈을 사로잡는 아이템이 넘쳐날 것이다.

꽤 오래전부터 가상현실 속 아바타(Avatar)는 여러 분야에서 성과를 올리고 있다. 그중에 흥미로운 것은 자폐증 환자를 치료하고, 의대생을 훈련시키는 등 의학 연구에서 성과를 냈다는 것이다.

미국 노스웨스턴대의 심리학자인 저스틴 카셀(Justine Cassell) 교수는 가상현실 속 아바타가 자폐 아동 치료에 효과가 있다는 사실을 실험을 통해 입증했다. 자폐아동은 가상현실 속 어린이, 즉 아바타와 센서를 연결해서 함께 놀 수 있다. 두 어린이는 장난감을 서로 주고받을 수 있고, 상대가 장난감을 가지고 노는 모습을 지켜볼 수 있다. 가상현실 속 아바타는 자폐아동에게 직접 말을 건네며 서로 상호작용을 한다. 이런 과정을 통해 자폐아동은 괄목할 만한 치료 효과를 거뒀다고 한다.

가상현실의 아바타는 의대생 교육에서 의료장비 숙달 훈련에 이용되기도 하며, 고소공포증 환자를 위해 비행 상황을 가상으로 경험하게 하여 치료할 수 있다. 물론 문제점도 없지 않다. 가상과 현실 사이에서 오는 괴리감으로 멀미 현상이 생길 수 있고, 몰입이 되지 못해 학습 효과가 떨어질 수 있다. 또한 가상현실에서 별도의 교육 공간을 만드는 데 드는 비용도 만만치 않다. 그러나 기술의 발전과 문제 해결을 통한 보완이 이뤄진다면, 앞으로 가상현실을 이용한 응용 사례는 더욱 늘어날 것이다.

나는 주말이 되면 내 아이들에게 한두 시간씩 게임하는 것을 허락한다. 옆에서 아이들이 하는 게임을 보면 다양한 캐릭터가 눈에 띈다. 요즘 아이들 사이에서 '부캐'(부캐릭터)라는 단어가 유행어다. 게임 속 아바타는 한 명이 아닌 여러 명이 존재하기 때문에 '주캐(주캐릭터)'와 '부캐'로 나뉜다. 카우보이, 군인, 레슬러, 가수 등 상상만 하면 전부 만들 수 있다. 아이들은 어릴 적 분신이었던 인형에서, 게임 속 아바타에게 감정을 이입하기 시작한 것이다.

그동안은 게임의 과몰입에 대해서만 초점이 맞춰졌기에 가상현실의 아바타를 활용한 교육이 주목받지 못했다. 처음 아바타가 인터넷 공간에서 선을 보였을 땐 전문가들조차 "실제 존재하지 않는 옷과 액세서리를 누가 사겠어?"라고 하며 코웃음을 쳤다. 하지만 이젠 인터넷 공간에서 부동산 거래도 하고 금융 거래도 이루어진다. 아이들이 아바타를 통해 세상을 보며 사회관계를 맺는 시대가 온 것이다.

부모 세대들은 이해하기 어렵겠지만, 우선 이런 현상을 인정해야 한다. 태어날 때부터 디지털 기기를 접한 아이들을 '별종'으로 여기며 이해조차 하려 하지 않았다. 확실한 건 이러한 디지털 시대를 만든 건 우리 부모 세대들이다. 우리는 컴퓨터와 스마트폰을 만들어냈고, 귀찮은 상황이 오면 아이들 손에 스마트폰을 쥐어 줬다.

최첨단 과학기술은 게임이란 매체를 만들어냈고, 게임에서 파생된 아바타는 이미 우리 아이들의 분신이 됐다. 우리는 우리가 살아갈 세상이 어떻게 변화하는지 알아야 한다.

그러기 위해선 게임을 제대로 읽고 해석하는 능력을 기르는 것이 시대적 과제가 된 것이다.

05

게임은 우리 아이들 90%가 즐기는 취미이다

'요즘 아이들은 뭐하며 놀까?'

내가 어릴 적 가장 재미있게 했던 놀이는 '다방구'이다. 내 아이들에게 다방구를 아냐고 물었더니 '뭐라고, 방구?' 하며 깔깔 웃는다. 요즘 아이들이 많이 하는 얼음땡 놀이와 유사하지만 내 경험으론 다방구가 훨씬 재밌다. 동네마다 명칭이 약간 차이가 있었는데, 예전 아내의 동네에선 '단방구'라고 불렸다고 했다.

대여섯 명의 아이들이 모이면 가위, 바위, 보를 해서 술래를 정하고, 전봇대나 벽을 지정해둔다. 놀이가 시작되면, 술래는 나머지 아이들을 쫓아 손으로 몸을 치면 그 아이는 포로가 된다. 잡힌 포로들은 전봇대에 손을 잡고 줄지어 서 있으면, 술래가 찾지 못한 아이가 '다방구'라고 외치며 잡은 손을 끊으면 포로들이 풀려나게 된다. '다방구'를 외치기 전에 술래가 모든 아이들을 찾아내면 술래가 이기는 것이다. 어찌 보면 술래잡기의 업그레이드 버전이라 할 수 있다.

어느덧 집집마다 굴뚝에서 연기가 피어오르고 "밥 먹어라!" 하는 엄마들의 목소리에 동네 친구들은 뿔뿔이 흩어졌다. 나는 '다방구'에 빠져서 해가 저무는지도 모른 채 놀곤 했다.

돌이켜 보면 어린 시절 친구들과 정신없이 놀 수 있었던 이유는 다양한 놀이를 통해 생긴 끈끈한 유대관계 때문이었다. 아이들뿐 아니라 어른들도 친분이 두터웠기에 마음을 터놓고 추억을 만들 수 있었다. 아직도 골목길에서 친구들과 딱지치고, 자치기 놀이를 하던 모습이 생생하다. 그 시절 동네에는 낭만과 향수가 있었고, 소소한 재미가 있었다. 사람들의 정이 마음을 훈훈하게 했던 시절이다. 이제는 거대한 빌딩 숲, 두꺼운 콘크리트 벽을 보고 있자니 마음이 갑갑하다. 길을 가다 우연히 고향의 골목길과 닮은 곳을 보면 가슴 한편에 아릿한 마음이 든다.

부모들은 아이들의 취미와 가치관, 고민을 이해하는 것이 소통의 시작점이다. 특히 내 아이의 취미를 얼마나 알고 있느냐는 평상시 부모와의 친밀감을 나타내는 기준이 된다.

"지율아, 너 취미가 뭐니?" 하고 물어보면 나는 내 아이가 '책 읽기, 피아노 연주, 운동' 이런 말을 하길 바라지만, 여지없이 '게임'이라고 대답한다. 나는 취미가 등산이나 독서가 아닌 게임이라는 것이 뭔가 어색하다. 통상적으로 게임은 놀이라는 개념이 강했지만 이젠 아이들에게 취미의 영역이 된 것이다.

한국콘텐츠진흥원의 〈2020년 게임이용자 실태조사〉에 따르면 10~65세 일반인을 대상으로 진행한 조사에서 국민의 70%가 게임을 한다고 발표했다. 이중 모바일 플랫폼은 90%가 사용하고, 10대들의 전체 게임 이용률은 91.5%나 됐다. 컴퓨터나 비디오게임보다 접근이 용이한 스마트폰을 이용하여 게임을 즐기는 사람이 많아졌다. 또한 모든 세대를 아울러 게임을 즐기는 사람이 많지만, 특히 10대들의 게임 이용률이 가장 높았다.

우리 아이들은 90%가 넘게 하루에 한두 시간씩 게임을 하고 있다. 이쯤 되면 취미를 넘어서 일상이라 볼 수 있다. 아이들에게 스마트폰은 몸의 일부와도 같다. 공부할 때 외출할 때는 물론 잠을 잘 때도 스마트폰을 곁에 둔다. 학교나 학원에 가보면 게임하는 아이들을 쉽게 찾아볼 수 있다. 이제 아이들에게 스마트폰이 없는 세상은 상상할 수 없다.

스마트폰 사용자가 급증하면서 게임하는 장소가 자유로워졌다. 예전엔 집에 있는 컴퓨터 앞에서 하거나 PC방에 가서 해야 했지만, 이제는 이동하거나 식사를 할 때, 잠자기 전에 누워서든 언제 어디서나 게임을 즐길 수 있다. 그야말로 스마트폰은 아이들뿐만 아니라 어른들의 생활 패턴까지 송두리째 바꿔놓았다. 스마트폰의 위력은 오래전 오락실 게임을 온라인 게임으로 진화시켜 부모님들의 추억을 되살려주고, 화투나 바둑처럼 어르신들의 무료한 시간을 달래준다. 정년퇴직을 하신 장인어른께서 하시는, 빠질 수 없는 일과 중 하나가 온라인 화투를 치시는 일이다.

게다가 게임은 깊이 빠지지 않는다는 가정을 한다면, 다른 취미활동에 비해 돈이 거의 들지 않고, 준비하고 시작하는 데 많은 시간이 소요되지 않는다. 아이들은 학교와 학원에 다니느라 준비시간이 많이 필요한 취미생활은 부담스럽다. 현재 아이들 환경에선 최적의 취미활동인 셈이다. 그러니 "게임할 시간에 글을 한 자 더 봐야지.", "게임이 밥 먹여 주냐?"와 같은 부모의 잔소리는 더 이상 쓸모가 없어졌다.

일주일에 한 번 지율이는 우리 집에서 역사 토론 수업을 한다. 토론 수업이 있는 날은 아이들끼리 이야기꽃이 핀다. 코로나19로 인해 일주일에 두세 번 가는 학교에선 마스크를 쓰고 서로 얘기하기란 여간 어려운 일이 아니다. 투명 칸막이에 가로막힌 상태에서 혼자 밥을 먹고, 화장실을 갈 때도 친구들과 어울려서 갈 수 없으니 '얼마나 서로 수다를 떨고 싶었을까?' 하는 생각이 든다.

아이들은 역사 수업 10분 전에 모여서 과일과 빵, 과자 등 각종 주전부리를 먹으며, 각자 자신의 관심사에 관해 얘기하느라 바쁘다. 한 명의 말이 끝나기 무섭게 다른 친구들이 동시에 떠들어 대면, 도통 무슨 얘기를 하는지 알 수가 없다. 그야말로 이야기로 폭주하기 시작한다. 옆에서 들고 있으면 아주 사소한 것들을 무슨 대단한 일인 양 목소리를 높인다. 오늘 아침에 먹은 음식이 어땠다는 둥 요즘 좋아하는 연예인을 묻거나, 같은 반에서 어떤 아이를 좋아하는지, 끊임없이 조잘거린다. 그러곤 이야기의 마지막엔 여지없이 게임 이야기가 화두가 된다. 최근에 어떤 게임이 대세인지, 신규 게임 캐릭터를 샀다고 자랑하고, 상위 랭킹에 오른 친구를 부러워했다.

나는 부스러기만 남은 쟁반을 치우며 아이들 얘기에 살짝 끼어보려 했지만, 요즘 게임에 대해 아는 게 없어서 말을 이어갈 수 없었다. 그럴 때마다 내가 아이들과 소통하기 위해선 게임에 대해 관심을 가져야겠다는 생각을 했다.

한편으론 나는 아이들이 게임이라는 취미에 너무 쏠리지 않을까 걱정도 된다. 게임은 아이들을 매료시킬 만한 요소가 너무 많기에 게임의 과몰입으로 일상과 학업에 지장을 줄까 염려됐다. 특히 가정에 문제가 있거나 친구와의 관계가 서툰 아이들은 더욱 게임에 빠질 확률이 높다. 한번 게임에 빠져 도취되면, 스스로 빠져나오는 것은 여간 어려운 것이 아니다. 나도 한때 게임에 푹 빠져서 일상을 내팽개치고 게임을 한 적이 있다. 취업과 학점 이수의 스트레스를 피하고자 PC방에서 죽치고 있던 시절이었다. 그래서 게임에 지나치게 빠져 삶이 피폐해진 아이들을 보면 조금은 이해가 된다.

부모들은 아이들에게 게임이 아니라 다른 취미활동으로 게임의 과몰입 현상을 줄여주고, 취미의 균형을 맞춰줄 필요가 있다. 아이들의 바쁜 일상에서 다른 취미를 찾기란 쉽지 않다. 부모가 충분한 대화를 통해 아이에게 걸맞는 취미를 갖게 해준다면 아이의 일상에 활력이 될 것이다. 따라서 아이들은 게임 외에 다양한 재밋거리를 즐기며, 게임으로 소비되는 시간이 자연스레 줄어들고, 보다 건전한 일상으로 돌아갈 것이다.

근근이 버텨오던 사업을 접고 육아를 시작한 그해 겨울, 눈이 많이 내렸다. 막내 아이는 밖에 나가 놀자며 두툼한 스키복을 입었다. 나와 첫째 아이도 눈싸움을 위해 만반의 준비를 했다. 장갑과 부츠는 기본이고 스키 탈 때 쓰던 고글 안경까지 쓰고 눈싸움을 준비했다. 당연히 첫째와 둘째가 한편이고 나는 혼자다. 일곱 살인 둘째는 그렇다 치더라도 열두 살 첫째의 손아귀 힘은 생각보다 매섭다. 단단히 뭉친 눈덩이에 제대로 맞으면 멍이 들 수 있기에, 나 역시 작년에 큰맘 먹고 산 비싼 스키복으로 무장했다. 본격적으로 눈싸움하기 전에 우리는 야구공만 한 눈덩이를 50개가량 만들었다. 그러곤 일정 거리를 두고 무작위로 던지다 보면 막내의 비명소리에 눈싸움은 끝이 난다. 힘의 차이가 너무 나서 신나게 놀다가도 눈덩이에 몇 번 맞으면 금방 짜증을 냈다. 눈덩이를 만드는 데 걸린 시간이 30분인데, 고작 5분 동안 눈싸움을 하고 끝이 났다.

아내와 약속한 두 시간을 채우려면 아직 멀었다. 나는 뭐 할까 고민을 하다가 어린 시절 재밌게 했던 '비석치기'가 떠올랐다. 요즘 아이들에겐 생소한 놀이지만 내 어릴 적 친구들과 많이 했던 놀이다. 예전 우리 동네에선 '망까기'라고 불렀다. 일단 이 놀이를 하려면 손바닥만 한 넓적한 돌이 필요하다. 아이들과 숲속 바닥을 뒤지며 적당한 돌 세 개를 찾은 후 나의 기억을 더듬어 '비석치기' 놀이를 알려줬다. 5m 정도의 거리에 상대편 돌을 세워놓고 외발로 점프해서 내 돌을 들고 상대편 돌을 맞춰 쓰러뜨리면 이기는 놀이이다.

아이들은 처음엔 낯설어하더니 금세 적응해서 익숙한 놀이처럼 즐겼다. 그동안 나는 먹고사는 핑계로 아이들과 함께한 시간이 별로 없다. '공부해라.', '게임 그만해라.' 나무라기에 급급했지 정작 아이들의 속마음을 알지 못했다. 아이들은 부모와의 놀이로 행복한 기억을 만들며, 시련이 닥쳤을 때 참고 견디는 힘을 갖게 된다.

부모 세대들의 지난 추억을 소환해보면, 대부분 놀이와 관련이 돼 있다. 놀이는 인생에서 빠질 수 없는 퍼즐 조각이다. 지금 아이들도 예전 전통놀이에서 스마트폰을 이용한 게임까지 놀이를 통해 추억을 새기고 있다. 하지만 요즘 게임은 놀이를 넘어 취미생활로까지 확대됐다. 부모들은 아이들의 안위를 위해 열심히 살지만, 정작 우리 아이들이 무슨 놀이를 하며, 어떤 취미를 즐기는지 알지 못한다. 어찌 보면 부모들은 '공부'만을 외치며 아이들의 미래를 걱정하고 있는 건 아닐까.

우리 아이들은 공부로 인한 스트레스를 풀기 위해 90%가 넘게 게임을 하고 있다. 이젠 돌아오는 주말에 가족끼리 책을 같이 읽거나, 함께 여행을 떠나 사랑스러운 아이들과 진솔한 대화를 해보는 건 어떨까?

06

게임의 세상은 도전, 성취, 보상, 현실과 닮아 있다

아침마다 아이를 유치원에 보내고 집 앞 벤치에 앉아 잠시 먼 산을 바라본다. 예전엔 회사 앞 커피숍에 앉아 직장 동료들과 수다를 떠는 시간이다. 5년의 게임 사업을 접고, 변화된 삶에서 오는 괴리감은 가끔 나를 멍하게 만든다. 이십 년 동안 몸에 배어 있던 조직 생활의 습관은 나로 하여금 육아 생활을 어색하게 만들었다.

직장을 다닐 땐 아내를 도와주기 위해 집안일을 했다면, 본격적으로 집안 살림을 시작하면서부터턴 아내의 도움 없이 내가 주도적으로 해야 했다. 하지만 오랜 시간 고착된 조직 문화의 습관은 집안일을 회사 일처럼 하게 만들었다. 아이들이 사용한 물건은 항상 제자리에 놓아야 했고, 먹다 남은 음식과 쓰레기는 바로바로 처리해야 했다. 그러다 보니 아이들과 마찰이 생겨 자주 싸웠다. 이런 생활을 일 년 넘게 하고 나니, 아이들과 나는 서로 적응하기 시작했다. 생각해보면 육아란 거창한 것이 아니며, 완벽할 필요도 없다. 그저 아이들에게 중요한 것은, 부모와 함께하고자 하는 마음이라는 것을 한참이 지나서야 깨달았다.

우리 집은 일주일에 한 번 대청소를 한다. 평소에는 청소기만 돌릴 뿐 닦거나 털지는 않는다. 처음 집안일을 시작했을 땐 군대처럼 매일 쓸고, 닦고, 털고를 반복했다. 나는 직장에서 매일 아침 회의를 하듯 규칙적으로 몸을 움직였다. 또 뭐든 완벽하게 하려는 성격 탓에 바닥에 머리카락 한 올이라도 보이면 침을 묻힌 손가락으로 눌러 없애야 직성이 풀렸다. 가끔 가족들은 이런 나의 깔끔 떠는 성격에 불만을 토로하곤 했다.

이런 상황은 아이들뿐 아니라 나 스스로도 스트레스를 많이 받았다. 특히 집 청소에 집착이 심했다. 내가 청소를 하려고 하면 아이들은 또 청소하냐고 잔소리를 했다. 아이들이 청소를 싫어하게 된 이유도 나의 이런 성격 탓일 것이다.

일요일 아침, 나는 잠에서 깨면 우선 창문을 열고 이불부터 턴다. 그러곤 아이들에게 이것저것 지시를 한다. 이불을 개고, 청소기를 돌리고, 책장과 선반을 닦게 시킨다. 그러면 아이들은 입이 댓 발 튀어나온다. 어느 날부턴 아이들이 청소를 거부하며 아빠의 독재에 반기를 들기 시작했다.

어이가 없는 와중에 나는 괜찮은 아이디어가 떠올랐다.

아이들이 청소를 한 번 도와주면 한 시간 동안 게임할 수 있는 혜택을 줬다. 게다가 한 달 동안 네 번의 청소를 도와주면 게임 내 아이템을 하나 사주기로 했다. 이 제안을 하고 난 후 일요일 아침이 되면 아이들이 먼저 청소를 시작했다. 나는 방마다 번호를 매겨서 청소기 돌리기, 마대걸레로 바닥 닦기, 빨래 개기, 침대 정리 등 각기 다른 청소 미션을 할당했다. 미션을 완수할 때마다 점수별 칭찬카드를 주었다. 일정 점수가 넘으면 게임 시간을 추가로 줬더니, 두 아이들은 경쟁하듯 청소를 했다. 둘째 준영이는 고사리 같은 손으로 어려운 빨래 개기에 성공하면 보너스 시간을 얻었다.

이제 일요일이 되면 아이들은 청소 시간을 즐겁게 맞이한다. 때가 되면 각자 맡은 포지션에 적절한 도구를 들고 빠르게 청소를 마친다. 나는 기적과도 같은 아이들의 변화에 너무도 흐뭇했다. 하기 싫어 마지못해 하던 일이 마음에서 우러나 놀이처럼 하게 되니 청소는 행복한 시간이 되었다. 그것은 일상 자체의 일이면서 동시에 놀이가 된 것이다.

먼저 나는 청소를 게임으로 전환하여, 보상을 통해 목표를 설정하게 했다. 세분화된 미션에 도전하게 유도했고, 칭찬카드라는 명확한 성취감을 느끼게 했다. 그리고 아이들은 그토록 바라던 게임을 하며 행복을 만끽할 수 있었다. 결국 나는 게임화(Gamification)를 적절히 활용해 힘든 일을 재미있는 놀이로 바꿔 동기 부여를 준 것이다.

최근에 사회적 문제를 해결하기 위해 게임화(Gamification)를 이용한 사례가 많다. 게임화란 실생활에서 게임의 요소를 적용해 긍정적인 변화를 이끌어내는 것이다. 고속도로를 달리다가 휴게소에 있는 남자 화장실에 들르면, 소변기 위에 파리가 그려져 있다. 오줌이 튀지 않도록 더 가까이, 조준을 도와주기 위한 조치다. 네덜란드 스히폴공항은 남자 화장실 소변기에 파리를 그려놓은 이후로 변기 밖으로 튀는 소변 양이 80%나 줄었다고 한다.

이보다 더 흥미로운 게임화 사례가 있다. 스웨덴 스톡홀름에서 제한속도보다 천천히 주행한 운전자에게 추첨을 통해 '복권'을 주고, 과속 운전자에게는 벌금을 부과했다. 또한 제한속도 이하로 주행한 차량은 표지판에 커다란 엄지손가락과 주행속도를 보여줬다. 안전운전을 한 운전자에게 게임 방식을 적용한 즉각적인 피드백을 준 것이다. 그 결과 평균 주행속도가 무려 22%나 감소했다.

인천지하철 부평역에는 피아노 계단이 설치되어 있다. 피아노 계단은 이용객이 계단을 차례로 오르면, 센서가 작동해 17개 음의 소리를 낸다. 동시에 계단에 설치된 LED 조명이 켜진다. 또 한 계단을 오를 때마다 열량 소모량과 건강 수치를 함께 보여준다. 에스컬레이터가 설치되면서 지하철역 계단이 외면받았지만, 피아노 계단의 설치로 계단을 이용하는 시민들이 크게 늘었다. 실제로 세계 최초로 피아노 계단이 만들어진 스웨덴의 스톡홀름 지하철역은 피아노 계단 설치 후 계단 이용객이 이전보다 세 배나 늘었다고 한다. 이같이 게임화를 활용해 시민들의 건강과 재미, 두 마리의 토끼를 잡은 셈이다.

사실 게임을 어느 정도 즐기는 사람이라면 게임을 지속하게 하는 이유 중 하나가 '도전 임무' 즉 '퀘스트'임을 안다. 하나의 퀘스트를 해결하면 다음 임무가 주어지는데, 이렇게 다양한 퀘스트를 달성하다 보면 시간 가는 줄 모르고 게임에 빠지게 되는 것이다. 물론 퀘스트를 끝마치고 받는 보상 때문에 도전하지만, 가끔은 대단한 보상이 아닌 소소한 보상에도 목숨 걸고 달려든다. 상황에 맞는 도전 임무는 게임 안에서 동기 부여를 준다. 이것이 부족하다면 재미가 줄어들게 되고 결국 그 게임에서 손을 떼게 만든다. 그 때문에 게임 개발자는 사용자의 동기 부여를 위한 '퀘스트' 제작에 많은 고심을 하는 것이다.

사용자에게 동기 부여를 주려면 어떻게 해야 할까? 우리는 대부분의 게임을 플레이해보면 답을 찾을 수 있다. 나는 RPG(역할놀이게임) 장르를 그다지 좋아하지 않지만, 한때 N사의 무협 RPG게임에 빠진 적이 있다. 이 게임은 구체적이며 세분화된 퀘스트가 잘 설계되어 있다. 게임을 진행하다 보면 단계적으로 적절한 퀘스트가 주어지고, 무사히 임무를 완성하면 즉시 보상을 받을 수 있다. 퀘스트의 난이도 역시 적절해서 나에게 주어진 목표를 하나씩 풀어나가며, 큰 성취감과 재미를 느꼈다.

성취감은 '자기 효능감'에 의해 만들어진다. 자기 효능감은 임무를 성공했을 때 스스로 만족감을 느끼는 정도이다. 작은 성취감이라도 반복적으로 느끼게 되면 자기 효능감이 높아진다. 높아진 자기 효능감은 더 큰 성취감을 불러온다. 게임을 즐김으로써 얻는 성취감이 클수록 게임의 재미도 더 커진다. 게다가 높아진 자기 효능감으로 얻은 성취감은 '내적 동기'를 키우는 데에 큰 역할을 한다.

사람들은 어떤 일에 동기 부여를 얻기 위해선 '외적 동기'와 '내적 동기'가 필요하다. 외적 동기는 행동 자체의 흥미보다 결과에 대한 보상이나 불이익을 피하려는 것이다. 외적 동기에 의한 행동은 성장의 의미보다 단순한 일이나 정해놓은 일을 기한 내에 마치는 것에 효과적이다. 반면 내적 동기는 행동 자체에서 만족감을 가지며 흥미, 호기심, 즐거움 등에 의해 행동이 지속된다. 또 발전 지향적이므로 아이들이 창의적인 성과를 끌어낼 때 효과적이다.

앨빈 토플러와 함께 세계적인 미래학자로 손꼽히는 다니엘 핑크는 "경제적 인센티브가 창의성을 파괴한다."라고 외적 보상의 부작용을 강조했다. 지금까지 우리가 믿어온 '성과에 대한 보상이 사람들에게 동기를 준다.'라는 생각에 정면으로 반박한 것이다.

그는 외적 보상으로 인한 일곱 가지의 치명적 결함에 대해 언급했다.

"첫째, 내적 동기를 저하시키며, 둘째, 성과를 감소시키며, 셋째, 창의성을 말살하고, 넷째, 선행을 몰아내고, 다섯째, 비윤리적 행동을 이끌어 내며, 여섯째, 중독성을 유발하며, 일곱째, 근시안적 생각을 촉진한다."

아이에게 수학 문제를 1개 맞출 때마다 돈을 주고 틀린 개수마다 벌을 준다면 잠깐의 성적 향상을 가져올 수 있다. 하지만 장기적으로 아이는 수학에 대한 흥미를 잃을 것이다. 결국 당근과 채찍의 방법으론 궁극적인 성과를 낼 수 없다. 보상을 받기 위해 하는 행동은 자발적 즐거움보다 반복적이고 지루한 일에 가깝다. 스스로 흥미가 생겨 즐거운 일을 할 때 창조적인 결과물이 나온다. 보상이 아닌 행동 자체에 만족감을 느끼고 순수한 도전을 할 때 창의적인 생각을 하게 된다. 처음엔 달콤한 제안에 눈이 멀어 열심히 했을지도 모른다. 어느 순간 타인에게 보여주기 위해서나, 보상을 받기 위해 하는 공부는 좋은 결과를 얻을 수 없다.

그렇다고 외적 동기가 내적 동기에 비해 나쁘다고만 볼 수 없다. 외적 동기가 때에 따라 효과적으로 쓰이기도 한다. 단기간 목표를 정하고 한 곳에 집중해야 할 때 외적 동기는 힘을 발휘한다. 외적 동기는 창의력을 떨어뜨리지만 우리가 하는 일들은 항상 창의력이 필요한 것은 아니다. 많은 일 중 외적 보상을 목적으로 시작하여 세월이 지나 내적 동기로 변하는 경우도 많다. 따라서 상황에 맞게 내적 동기와 외적 동기가 조합된다면, 보다 의미 있는 결과를 낼 수 있다.

한때 나는 게임에 빠지면 식사를 거를 만큼 몰입했다. 그 이유는 재미

있기 때문이다. 도전, 성취, 보상으로 이어지는 게임 구조는 나를 집중하게 만드는 강력한 힘을 가지고 있다. 스스로 도전하게끔 하는 임무가 존재하고, 그 임무를 완수했을 때에 성취감을 느끼게 하며, 나의 노력에 상응하는 보상을 내려준다. 현실에서의 모든 일들은 이 같은 구조를 갖추고 있다. 다만 이론과 현실 구현에서 괴리가 있는 경우도 있지만, 이런 구조를 통해 동기 부여를 받는 것이 일반적이다. 지속적인 성취감은 유의미한 동기를 불러일으킨다.

또한, 아이들이 스스로 원하는 목표를 정하고, 도전, 성취, 보상으로 연결되는 게임 요소를 공부에 활용한다면 괄목할 만한 성과를 기대할 수 있을 것이다.

07

게임 속 세상에는 개발자의 속임수가 숨어 있다

2019년 상반기 한국 콘텐츠 수출 70%가량을 게임 산업이 이끌었다. 게임 산업은 '방탄소년단'을 필두로 하는 음악 산업이나 아카데미상을 휩쓴 〈기생충〉의 영화 산업을 크게 제치고 1위를 차지했다. 전 세계 게임시장에서 한국이 차지하는 점유율은 미국, 중국, 일본, 영국에 이어 5위를 유지하고 있다. 나라별 인구 대비 최고의 시장이라 할 수 있다. 국내 게임 산업 종사자 수는 8만여 명에 이르며, 계속 증가하는 추세다. 그야말로 미래 지향적인 고부가가치 산업이라 할 수 있다.

하지만 게임 산업은 반도체 분야 못지않게 변화하는 시장에 빠르게 대응해야 살아남을 수 있다. 그야말로 타이밍이 중요한 산업이다. 최근 중국계 게임이 국내 게임시장을 장악하면서, 대형 개발사를 제외하곤 대부분의 중소 개발사들은 고전을 면치 못하고 있다. 자칫 세계 시장의 트렌드를 놓치게 된다면, 한순간에 추락할 수 있다. 이런 추세가 이어진다면 한국 게임 산업은 장밋빛 미래일 수 없다. 따라서 게임 산업이 발전하기 위해선 시대 흐름에 맞는 개발 환경을 구축해야 하며, 우수한 인재 발굴과, 다양한 방식으로 독창적인 게임을 개발해야 한다.

게임 개발을 하려면 적게는 1인 개발자에서 많게는 수백 명의 인력이 투입되기도 한다. 개발 의도에 따라 제작에 필요한 자원이 천차만별이다. 개발을 책임지는 프로듀서는 기획, 프로그래밍, 그래픽, 마케팅 사업 전반을 이해하면서 프로젝트를 이끄는 위치다. 커다란 배의 선장격인 프로듀서는 그 팀, 아니 한 회사의 사활을 걸고 도전한다. 모바일게임을 완성하려면 대개 6개월에서 2년 정도 소요되고, PC 온라인게임은 짧게는 3년에서 길게는 7년 동안 개발한다. 비용 또한 엄청난 규모다. 대작 PC 온라인게임의 경우는 500억을 웃도는 경우도 심심찮게 볼 수 있다. 이런 대작은 대형 개발사에서 1년에 한두 번 나올까 말까 하는 것이 게임 업계의 실태다.

최근 10대 청소년들의 희망 직종 중 줄곧 상위권에 오르는 것 중 하나는 게임 개발자다. 많은 아이들이 게임을 좋아하다 보니, 어설프고 막연한 동경심에 빠져 게임 개발자가 되고 싶어 한다. 하지만 정작 게임 개발자가 되기 위해선 어떻게 준비해야 하고 어떤 능력을 갖춰야 하는지에 대해 잘 알지 못한다. 일반적으로 좋아하는 것과 실제로 만드는 일은 확연한 차이가 있다. 게임 개발자는 창의성, 논리적인 사고, 구성원 간의 소통 능력, 시장을 바라보는 안목까지 여러 방면의 능력이 필요하다. 특히 틀에 박힌 생각으로 개발에 접근하면 실패하기 십상이다.

처음 대다수의 게임 개발자는 게임 관련 학과를 졸업하여 가까스로 게임회사에 취업하게 된다. (드물게 능력이 출중하거나 배경이 좋아서 스카웃되는 경우도 있다.) 그리고 5년에서 10년을 굴러먹다 업계에서 인정받아 메이저급 회사의 총괄 책임자가 되기도 한다. 아니면 투자 받거나 자력으로 창업해서 자신만의 게임을 만든다. 극소수를 제외하곤 대부분 이와 같은 길을 걷는다. 나는 오래도록 모든 길을 경유하고 자영업으로 생계를 유지하고 있다.

구로나 판교 테크노밸리에 가면 대박을 꿈꾸며 밤을 지새우는 개발자들이 부지기수다. IT 기업이 모여 있는 테크노밸리에 어둠이 깔리면, 깜깜한 도시 속 건물 사이로 불빛이 하나둘 켜진다. 일명 '오징어잡이 배'라고 불리는 게임회사들이다. 코로나19 확산 이후 호황을 누리는 게임회사들이 많다. 이 호황의 배경을 게임 개발자들의 고된 업무가 뒷받침하고 있다. 안타깝게도 근래에 과로사를 하는 개발자도 있었다. 게임에 종사한다는 것은 그 자체로 매력적일 수 있으나, 실상은 험난하고 냉혹한 세계다.

요즘 대한민국 게임 산업은 바야흐로 창업의 시대다. 이전에도 게임 업계는 창업이 활발했지만 지금은 더 많은 사람들이 창업에 뛰어들고 있다. 뿐만 아니라 게임 중소업체가 사라지면서 소규모의 개발회사가 많아졌다. 나 역시 두 번에 걸쳐 게임 벤처회사를 창업하고 모두 실패했다. 한 번은 소규모의 투자와 적은 인원으로 2년여 간 운영했고, 또 한 번은 이전 직장 동료가 창업한 회사에 합류하여 주주이사로서 개발에 참여했다.

'스타트업'은 모든 기업의 시작점이라 할 수 있다. 원대한 꿈과 비전을 가지고 출발하지만, 그 끝은 너무도 짧고 대부분 비극적이다. 100개의 회사가 스타트업하면 한두 개의 회사만 살아남을 뿐이다. 정작 살아남은 회사도 지속해서 승승장구하기란 쉽지 않다. 멋진 콘텐츠, 구성원, 자본이 뒷받침되더라도 주변 여건과 운이 따라주지 않으면 망할 수 있다. 완벽한 조건으로 도전해도 실패할 수 있고, 한 가지 이유만으로도 성공할 수 있다. '운칠기삼'이라 했던가. 창업해서 성공하기란 운이 7이고 노력이 3인 것을 나 또한 절감했다. 혹자는 운이 9라고 말하기도 한다.

첫 창업당시 아이들을 위해 만든 모바일 게임

게임 산업이 성숙기에 접어든 이후로 더욱 대기업 위주로 움직이고, 중소 개발사들의 설 자리가 좁아지면서 많은 개발자들은 생계 자체를 고민해야 했다. 특히 식구가 딸린 가장이라면 창업의 실패로 인한 고통은 훨씬 더 뼈저린 아픔으로 다가온다. 창업은 쉽지 않은 도전이다. 창업을 한 이후 월급 받던 시절이 좋았다고 생각한 적이 많다. 모든 것을 결정해야 하고 또 그에 따른 책임도 져야 한다. 돈과 시간에 대한 압박 역시 상당하다. 이런 환경에서 게임 개발을 하게 되면 실패 확률이 더 높아진다. 창업하고 실패하는 악순환이 반복된다.

처음엔 대부분 순수한 개발 마인드로 시작하지만 몇 번의 벽에 부딪치게 되면, 현실 개발로 바뀐다. 초기 창업자는 사용자에게 재미를 선사하여 자연스러운 수익 창출을 원한다. 하지만 곧 현실을 깨닫게 된다. 게임의 재미보다는 수익 모델에 치중하게 되고, 결국 시장에서 외면당하게 된다. 가뜩이나 치열해진 게임시장에서 그나마 자본적으로 여유가 있는 대형 게임 회사들 역시 수익에 목을 매고 있다. 가능성 있는 소규모 개발사를 돈으로 취합하고 인재들을 뺏어간다. 하지만 나는 이런 현실에서도 창업한 것을 후회하지 않는다. 20년 동안 게임 업계에 몸담아 오면서 마지막 열정을 불사르고 싶었다. 어차피 하고 싶어서 오랫동안 열정을 쏟아부었고, 열정으로 마침표를 찍게 돼서 여한은 없다. 단지 그 과정에서 가족들이 받았을 고통을 생각하면 가슴이 아프다. 게임의 성공을 볼모로 가족과의 시간과 애정을 주지 못한 것이 항상 미안한 마음으로 남아 있다.

게임 제작을 할 때 최대한 사실적으로 만드는 것도 중요하지만, 유저들의 재미 목적이나 수익성을 높이기 위해 약간의 속임수를 쓰는 경우가 있다. FPS(1인칭 슈팅)게임을 하다 보면 이유도 모른 채 죽임을 당할 때가 있다. 내 시야에 들어오지 않거나 다른 행동을 하다가 죽게 되면 억울하고 화가 나는 경우가 생긴다. 이런 상황을 최대한 없애기 위해 개발자는 게임 소리(사운드)에 기발한 묘수를 쓴다. 사용자의 캐릭터, 즉 게임 주인공 근처에서 발생하는 모든 상황을 종합적으로 계산해서 가장 중요한 정보의 소리를 키워주고 상대적으로 중요도가 낮은 소리는 줄여준다. 또한 아군의 발소리보다 적군의 발소리를 크게 들리게 하는 등 게임의 소리에는 다양한 숨은 장치가 있다. 이 같은 사실을 알고 소리에 집중한다면 게임이 훨씬 재밌을 것이다.

게임을 진행하다 보면 무찌르기 힘든 적군이나 상황이 발생한다. 초보가 아닌 고수라도 어느 정도의 시간이 되면 어려운 상황에 봉착한다. 초보자라면 몇 번의 시도에도 깨지지 않으면 이내 짜증이나 게임을 접게 된다. 고수들도 정도의 차이는 있겠지만 마찬가지일 것이다. 이때 개발자의 보이지 않는 손이 작동한다. 힘든 상황이라고 개발자가 무조건 해결해준다면 좋아할 사용자는 없을 것이다. 수차례 시도했는데도 실패할 경우, 사용자가 거의 눈치 못 채게 해서 마치 본인이 해결한 것처럼 은근슬쩍 이기게 만든다. 실제로 대부분의 게임들은 이런 장치를 넣어서 사용자의 재미를 유지시킨다.

그리고 이와 유사하지만 사용자의 기대심리를 이용한 것도 있다. 사용자가 열심히 플레이하다 보면 그만한 보상을 받게 되는데, 주로 아이템이나 캐릭터가 들어 있는 선물상자를 얻는다. 이것을 게임 용어로 '가챠(Gacha)' 시스템이라 하는데 쉽게 말해 뽑기 상자라고 보면 된다. 일정한 확률에 의해 원하는 아이템을 얻을 수 있는 시스템이다. 돈을 벌기 위해 상용화되는 대부분의 게임에는 이 시스템이 적용돼 있다. 게임 개발자는 사용자의 심리를 일정 공식을 적용한 '가챠(Gacha)' 시스템에 넣어 사용자도 잡고 수익성도 올린다. 하지만 자칫 '가챠(Gacha)'를 잘못 사용하게 되면, 사행성 게임이 될 수 있기에 조심할 필요가 있다.

이외에도 사용자의 편의나 재미를 선사하기 위한 개발자들의 숨은 노력은 많이 있다. 이런 노력으로 사용자는 더 재밌게 게임을 하게 되고, 그로 인해 개발사는 돈을 버는 것이다.

우리나라 게임 업계는 고착화되는 중이다. 대부분 게임 개발사들은 매출에만 혈안이 되어 획일적인 방향으로 흘러가고 있다. 개발사 규모에 따라 양극화는 심해졌고, 수익이 올라가는 것에 반해 유저의 비판은 커져만 가고 있다. 하지만 이런 현실 속에서도 우리나라는 게임 강국을 유지하며 규모에 비해 세계 게임시장을 선도하고 있다.

결국 게임은 흥미로 시작하여 그 안에 숨어 있는 모든 콘텐츠를 재밌게 즐기는 것에 목적이 있다. 아쉽게 나는 실패로 끝났지만, 무엇보다 개인 개발자, 스타트업 회사들 중에서 다양한 장르와 플랫폼이 성공하길 간절히 바란다. 지금도 많은 게임 개발자들은 안정적인 직장을 그만두고 꿈을 위해 창업에 도전하고 있다. 이들의 원대한 꿈이 성공적으로 실현되어, 이를 발판삼아 개발을 꿈꾸는 젊은이들이 늘어나길 기대해본다.

08

게임이 문제가 되는 나라는 우리나라와 중국이다

요즘 미디어 매체에서 방영하는 드라마를 보면 자녀들의 공부 이야기를 소재로 한 것을 심심찮게 보게 된다. 지난해 방영되어 상당한 열풍을 일으킨 드라마가 있다. 상류층 집안의 대학 입시 과정을 스릴러 요소와 접목하여 대성공을 했다. 그 인기를 등에 업고 시즌2, 3 지겹도록 방영되고 있다. 이런 인기의 비결은 현 사회의 모습을 적나라하게 대변하기 때문일 것이다. 이 드라마는 막장의 끝을 보여준다. 나는 TV를 보다가 "에이, 드라마라 그렇지 현실성이 없네!"라고 중얼거리게 된다. 그러나 뉴스에서 학업 스트레스나 수능의 결과를 비관하여 자살하는 기사를 접하면, 어쩌면 현실이 더 막장 드라마일 수도 있다는 생각을 하곤 한다.

드라마나 영화에서 나오는 10대 아이들의 모습은 대체로 비슷하다. 자신이 하고자 하는 꿈과, 그와 다르게 처한 현실에서 괴로워한다. 부모, 친구, 연인, 학업 등 여러 갈등 속에서 방황한다. 드라마에서 클라이맥스를 위해 갈등을 부풀릴 수 있으나, 어찌 보면 현실이 더 잔혹 동화처럼 느껴질 때도 있다. 내가 어릴 적 보았던 서양의 10대 아이들을 다룬 영화는 자유분방하며 개성이 넘치는 모습이었다. 우리와 많이 다른 고민으로 사는 것처럼 보였다. 하지만 우리나라나 일본, 중국의 청소년들은 학업, 꿈, 현실, 부모와의 갈등 등 대체로 비슷한 고민을 안고 산다.

나는 그 이유를 동양의 시험 위주의 문화 때문이라고 생각한다. 동양의 나라 중 특히 한국과 중국은 전통적인 유교 사상이 뿌리 깊게 박혀 있다. 공자의 철학에 기초한 가치들은 이천 년이 훌쩍 넘은 현재까지도 우리의 일상에서 윤리, 도덕적 기반이 되고 있다. 유교는 과거시험을 토대로 국가의 권력과 수직적 조직을 만들었다. 누구나 열심히 노력하면 신분 상승을 할 수 있는 능력주의 사상을 정립시켰다. 공부만 잘하면 "개천에서 용 난다"고 하는 시험 위주의 제도로 인해 재산과 권력, 명예와 같은 혜택을 누릴 수 있게 했다.

이런 시험 위주의 능력주의 사상은 다른 동양 국가로 퍼져나가 오늘날까지도 영향을 미치고 있다. 현재는 대학입시라는 것으로 이전의 과거시험을 대체하고 있다. 명문대에 입학만 하게 되면 그 후엔 어떻게 살던지 학벌과 학연이 가져다주는 많은 혜택을 누리며 산다. 또한 명문 대학

간판은 대기업의 높은 벽을 넘을 수 있게 하는 수단이 된다. 명문 대학만을 바라보는 세태는 아이들이 적성에 맞는 전문성을 키우기보단 오로지 시험에서 높은 성적을 받으려는 분위기로 조장됐다. 아이들의 사회적 신분 상승을 위해 부모들은 과도한 욕심을 부려서, 아이들을 입시지옥으로 내몰고 있는 것이다.

초등학교 5학년인 내 첫째 아이는 아침 8시 40분에 화상 수업으로 하루의 공부를 시작한다. 간혹 늦잠이라도 자는 날에는 아침 식사를 거르고 수업에 참관해야 한다. 최근 코로나 2차 대유행으로 주 2회만 등교하기 때문에 집에서 스스로 공부해야 하는 시간이 많다. 오후 1시경이 되면 정규 수업을 마친다. 그러곤 점심 식사를 하고 한두 시간은 그날 주어진 숙제를 한다. 오후 3시 이후론 영어, 수학, 과학 등 여러 학원을 돌기 시작한다. 모든 학원이 끝나면 대개 저녁 8시가 돼 집으로 돌아온다. 주중 두 번은 저녁 9시에 외국인과 영어 화상 수업도 있다. 어림잡아 매일 10시간 넘게 공부하는 것 같다. 이제 초등학교 5학년밖에 안 된 학생의 일상이다. 학구열이 더 높은 지역의 아이들은 이보다 훨씬 빡빡한 일정을 소화하고 있을 것이다.

그렇다면 이웃 나라들은 어떨까? 뉴스나 기사를 보면 가까운 중국이나 일본의 교육열도 우리나라 못지않다. 특히 최근 수십 년간 중국 부모들의 교육열은 무서울 정도다. 중국 학부모들은 유치원생의 해외연수까지도 거리낌 없이 투자하는 등 사교육 열풍이 대단하다. 심지어 학생들이 수업시간에 딴짓을 할까 봐 감시카메라까지 설치하기도 한다. 중국의 교육열은 거의 광적인 수준으로 치닫고 있다. 우리나라와 마찬가지로 중국의 교육열은 대학입시 문화에 고스란히 투영된다. '가오카오'라 불리는 중국의 대학입시는 시작되기 몇 달 전부터는 막대한 사교육 자금이 시장에 돌며 중국 경제를 들썩이게 할 정도다. 사교육의 행태도 입시학원, 개인과외, 기숙학원 등 한국과 비슷하게 사교육으로 막대한 비용을 지출하고 있다.

2000년 중반 나는 중국 상해에서 열리는 게임쇼를 가기 위해 비행기에 올랐다. 공항에 내려 상해 중심가로 30분가량 택시를 타고 이동했다. 상해에 들어서자 엄청난 규모의 도시에 압도당했다. 말로만 듣던 중국의 발전상을 한눈에 볼 수 있는 모습이었다. 나는 초고층 빌딩의 스카이라운지 레스토랑에서 직장 동료들과 저녁 식사를 했다. 상해가 한눈에 보이는 투명유리로 만든 엘리베이터를 타고 끝도 보이지 않는 도시의 야경을 감상했다. 가이드 말로는 상해에 있는 PC방 개수가 한국 전체의 PC방 숫자와 맞먹는다고 했다. 실로 어마어마한 크기에 놀랄 수밖에 없었다.

다음 날 우리 일행은 게임쇼가 열리는 장소로 향했다. 나는 우리나라와 일본에서 열리는 게임쇼는 대부분 참관했었다. 하지만 중국 상해에서 열리는 게임쇼 행사는 두 나라와 비교해서 훨씬 거대하고 웅장했다. 행사장에 들어가기 위해 표를 구매하는 시간만 2시간가량 걸렸다. 수많은 인파로 인해 길게 늘어선 줄의 길이가 족히 몇 킬로는 돼 보였다. 푹푹 찌는 더위 속에서도 오랜 시간 줄을 서서 기다리는 중국인들을 보니 게임에 대한 열정이 실로 대단함을 느낄 수 있었다. 게임 개발자에게 게임쇼란 축제이자 벤치마킹할 수 있는 최적의 행사다. 전 세계 굴지의 게임 회사들이 신작을 발표하고 기존에 서비스하고 있는 대작들을 홍보한다. 우리 회사도 행사장에 꽤 큰 부스를 차지하고 홍보에 나섰다.

중국은 전 세계 게임시장에서 몇 년째 1위를 차지하고 있다. 과거 기술의 부진으로 IT 후진국이란 말도 옛말이 됐다. 이제는 자력으로 엄청난 게임 실적을 올리고 있다. 막대한 자금력으로 전 세계 내로라하는 게임사를 흡수하고 있다. 우리나라 역시 중국 자금이 국내에 유입되면서 한국 게임사들은 고전을 면치 못하고 있다. 중국에서 게임을 즐겨하는 인구는 대략 7억 명으로 추산된다. 중국게임공작위원회(GPC)가 최근 공개한 '2021년 중국 게임 산업 보고서'에 따르면 올해 판매 수입만 50조에 육박할 걸로 예상했다.

반면에 최근 중국 당국은 18세 미만 청소년 온라인 게임 사용시간을 금요일 저녁, 주말과 공휴일에 하루 최대 1시간만 허용했다. 게임 업체에게 이 시간 외에는 청소년들에게 게임을 못 하게 지시한 것이다. 중국 당국은 중국 청소년들이 오랜 시간 온라인 게임 활동을 하는 것에 대해 '영혼의 아편'이라 표현했다. 또한 게임 업체의 빠른 성장으로 젊은 세대에게 부정적인 영향을 미칠 것을 우려해 제재를 강화하고 있다. 중국도 우리나라처럼 청소년들의 게임 과몰입으로 인해 몸살을 앓고 있다. 게임의 순기능과 부작용에 관한 논쟁은 중국 역시 오늘, 내일 일이 아니다. 세계 최고의 매출을 자랑하는 게임회사들이 중국 경제에 중추 역할을 하고 있다. 아이러니하게도 이 회사들은 중국 최상위 인재들을 영입하고 게임 관련 능력을 요구한다.

문제는 아이들의 게임 중독이다. 현실을 벗어나 판타지 속에서 게임에 과몰입하는 병적 상태가 문제다. 현실과 가상세계를 구분하지 못해서 학업에 나쁜 영향을 주는 것이다. 인간의 오감을 자극하고, 재미를 추구하는 것은 절제가 뒤따라야 한다. 어른들조차도 절제된 쾌락을 추구하지 못하면 불행해진다. 요즘 아이들은 즐길 만한 거리가 많지 않다. 가장 손쉽게 접하고 어울릴 수 있는 게임이야 말로 최적의 놀이다. 어른들은 아이들 눈높이에서 게임을 바라보며 아이들 일상에 악영향이 없도록 해야 한다.

우리나라는 10년 전에 셧다운제를 도입했다. 셧다운제는 청소년의 인터넷 과몰입을 예방하기 위해 만 16세 미만의 청소년에게 자정부터 오전 6시까지 인터넷 게임의 일부 접속을 못 하게 하는 조치이다. 게임 과몰입이 사회적 문제로 떠오르면서 청소년의 수면권을 확보하기 위한 방안으로 게임 셧다운제가 시작됐다. 하지만 게임 업계와 사용자들은 셧다운제의 자율성 침해 문제를 꾸준히 지적해왔다.

최근에 제구실을 하지 못한다는 이유로 셧다운제를 폐지하기로 결정했다. 청소년의 자기결정권과 가정 내 교육권을 존중해 강제적 게임 셧다운제를 폐지하고 자율적 방식의 '게임시간 선택제'로 대체하기로 했다. 좀 더 실효성이 있는 제도로 거듭나기 위해 토론을 거쳐 내린 결과다. 중국을 제외하고는 국가가 일방적으로 게임 이용을 제한하는 사례는 없다. 결국 정부나 담당 부처의 강제적인 방법으론 해결할 순 없다. 학생들과 부모들이 자율적으로 조절해야만 문제 해결에 좀 더 가까워질 수 있을 것이다.

한국과 중국은 목숨 걸고 공부하는 나라다. 공부에 방해되는 요소는 가차 없이 베어버린다. 하지만 아이들에게 게임이란 생활 그 자체가 됐다. 떼려야 뗄 수 없는 한 몸이 됐다. 이 상황을 칼로 무 베듯 하려 한다면 근본적인 해결책은 영영 찾지 못할 것이다.

우리는 청소년들에게 공부해서 좋은 대학에 가면 모든 것이 변할 거라 얘기하지만, 권유하는 부모도 특별한 꿈 없이 사회가 원하는 삶으로 내달려왔다. 부모들조차 자신의 옳은 길을 찾기 위해 부단히 노력하며 살고 있는 것이다.

게임으로 문제시되는 상황에 닥치면, 우리는 게임의 본질에 대해 생각해야 한다. 한낱 인간의 쾌락을 충족하는 수단에 불과한 것인가, 아니면 현시대 문화의 한 장르로 인정하고 함께 성장해나갈 것인가를 고민해야 한다. 분명 게임은 오랜 기간 인간과 동고동락하며 인간의 생활 속으로 깊이 파고들었다. 게임의 부작용을 부풀려 더 이상 소홀히 다루거나 함부로 대해서는 안 될 것이다.

09

학업 스트레스를 푸는 데는 게임이 최고다

내가 대학 졸업을 앞둔 90년대 후반에 IMF가 터졌다. 기업과 은행이 도산하고 수많은 가장들이 직장을 잃고 길거리로 나왔다. 당시 정부는 달러가 부족하여 금 모으기 운동을 벌이며 위기 극복을 위해 애썼다. 그 시기 대학 졸업반은 우울한 분위기의 연속이었다. 1년 선배들은 졸업도 되기 전에 대기업 공채나 중견기업에 스카웃되는 경우가 많았지만, 그 해 겨울, 채용시장은 그 어느 때보다 썰렁했다. 게다가 졸업을 하고 나니 뉴스마다 온통 경기 불황에 관한 기사가 헤드라인을 장식했다. 나는 어려운 집안 형편에도 불구하고 대학에서 미술을 전공했다. 고등학교 3학년이 될 무렵 본격적으로 미술 선생님의 권유와 부모님의 지지로 미술을 시작했다. 미대를 졸업하기까지는 만만치 않은 비용이 든다. 학비와 과제 실습비를 합치면 타 전공자에 비해 훨씬 많은 돈이 필요하다.

나는 대학 시절 집안 형편이 어려워 학자금 대출을 받아 졸업했다. 부모님은 많은 연세에도 불구하고 자식 셋의 학자금을 대느라 등골이 빠지도록 일하셨다. 어머니는 식당을 운영하시고, 아버지는 화물 운송 일을 하시며 비싼 학비를 충당했다. 그래서 나는 졸업 전후로 취업이 절실한 상황이었다. 졸업과 동시에 취업해서 학자금 대출로 인한 은행 빚을 갚고 집안에 조금이나마 보탬이 되고 싶었다. 하지만 고도성장의 길을 가던 대한민국 경제는 외환위기로 인해 화려한 시대는 막을 내렸다. 나는 졸업 후 뭐라도 해야 했기에 이것저것 닥치는 대로 일했다. 노래방, 당구장, 주유소, 호프집 등 웬만한 아르바이트는 다 해봤다.

시간이 빌 때면 새벽 인력시장에 나가 막노동도 했다. 몸은 고되지만 막노동은 다른 아르바이트에 비해 수입이 훨씬 짭짤했다. 그 당시 잡부 일당은 4만 원 남짓, 기술자들은 그나마 괜찮은 대우를 받았다. 새벽 5시가 되면 어김없이 인력사무소 앞엔 삼삼오오 노동자들이 모였다. 조금이라도 늦으면 좋은 자리를 놓칠 수 있기에 나는 천근만근 무거운 몸을 이끌고 문을 나섰다. 그렇게 막노동하는 날이 많아지면서 점차 내 몸은 노동에 익숙해졌다.

IMF가 들이닥쳐 유난히도 추운 그해 겨울, 나는 3개월가량 인천 항만청 갑문에서 방수 작업을 하게 됐다. 인천항은 조수간만의 차가 심한 관계로 밀물이 됐을 때 해수를 물탱크에 저장한다. 왜냐하면 썰물 시 갑문의 수위를 유지해서 정박한 배가 해저면에 닿지 않게 하기 위해서다. 이 탱크는 3~4년을 주기로 방수 작업을 해줘야 녹슬지 않는다. 항만청 물탱크에 들어가려면, 해저로 쇠사다리를 타고 수십 미터를 내려가야 한다. 아래로 내려가면, 전부 강철판으로 만들어진 칠흑같이 어두운 방들이 끝도 없이 나타난다. 물탱크 안에는 전기시설이 없기에 우리는 전선으로 이어진 백열등을 메고 2평 남짓한 방에 들어가 방수액을 칠해야 했다. 그곳에서 일하다 보면 마치 영화 〈에이리언〉의 세트장 속에 있는 것 같았다. 전등 하나에 의지해 깜깜한 지하에서, 시커먼 방수액에 온몸이 범벅이 돼야 하루 일과가 마무리됐다. 일당이 센 편이라 시작한 방수일이지만 그 당시 해본 노동일 중 가장 힘들었다.

그렇게 힘겨운 겨울을 보내고 이듬해 봄, 사회 초년병으로서 첫발을 내딛게 됐다. 처음 입사한 곳은 뻐꾸기시계로 유명한 시계제조회사였다. 나는 개발부 소속 디자인 업무를 담당하며 사회생활에 대해 조금씩 배워 나갔다. 어려운 시기에 구한 첫 직장이기에 나는 회사에 인정받기 위해 부단히 노력했다. 하나의 신제품이 출시되려면 개발부, 제조부서, 영업부가 총동원돼야 한다. 신제품 개발의 첫 단추인 디자인 설계가 잘 그려져야, 그 이후에 공정이 순탄하게 진행된다. 따라서 제품 디자이너의 책임은 막중했다. 내 아이디어로 새로운 상품을 만든다는 것이 보람되고,

만족스러웠지만 반면 업무에 대한 스트레스도 상당했다. 다행히도 첫 회사의 직장 선배들은 나에게 자상하고 친절하게 대해줬다. 나는 회사 일에 적응하면서부턴 직장 동료들과 더 가까워졌다. 금요일 저녁 업무를 마치면, 과장님, 대리님, 주임님과 함께 PC방을 자주 찾았다. 나는 주중에 쌓인 업무 스트레스를 게임을 통해 해소하곤 했다. 우리는 간단히 반주를 곁들여 저녁식사를 한 후 PC방에서 2대2 전략 시뮬레이션게임을 했다. 이 시간만큼은 업무 스트레스도 날리고 친목도 다질 수 있었다. 다른 직장 선배들은 금요일 저녁에 영화를 보거나 낚시를 하며 스트레스를 해소했다. 하지만 그때 나에게 스트레스 푸는 데 최고의 방법은 게임이었다.

우리나라 학생들의 학업 스트레스는 세계 최고 수준이라는 것은 누구나 공감한다. 더욱이 대학입시 위주의 경쟁으로 학업 스트레스는 초등학교부터 고등학교 수능시험을 마칠 때까지 높게 나타난다. 예전엔 중고생들에게 주로 생겼던 학업 스트레스가 이젠 초등학생에게도 흔한 증상이 됐다. 반복되는 학습과 시험으로 몸과 마음이 피로해진 아이들이 우울, 짜증, 불안 증세를 보인다. 심하면 정신적 질환으로까지 발전한다.

최근 사회 문제로 대두되는 '게임 과몰입'의 주요인이 학업 스트레스라는 사실을 밝혀낸 연구 결과가 있다.

건국대학교 정의준 교수는 5년여 동안 청소년 약 2,000명을 대상으로 직접 조사 및 추적을 했다. 어떤 요인이 청소년의 '게임 과몰입'에 영향을 미치는지에 대해 연구했다. 그 연구 결과에 따르면 청소년층의 게임 과몰입은 '게임' 그 자체보다는 그들을 둘러싼 환경 요인이 영향을 준다는 것이다. 특히 '학업 스트레스'가 가장 큰 영향을 준다고 했다.

또한 가장 오랫동안 게임 과몰입에서 벗어나지 못한 소수의 청소년들은 공통적으로 '학업 스트레스'를 높게 받았다. 이들은 공격적이며 자기 통제력이 부족하고, 친구나 선생님과의 소통도 문제가 있는 걸로 조사됐다. 특히 부모의 과도한 기대와 불안한 생활환경 속에서 자란 아이일수록 게임 과몰입 증상이 심하다고 조사됐다.

무엇보다 게임 과몰입이 심한 아이들은 부모 또한 비슷한 경향을 보였다. 부모가 자기통제 능력이 떨어지고, 불안감을 느낀다면 해당 자녀들 또한 비슷한 감정을 느꼈다. 결국 부모의 심리적 상태가 자녀들에게 막대한 영향을 끼치는 것이다.

정의준 교수는 "실제로 자녀의 과몰입을 억제하는 데 있어서, 부모의 양육 태도를 개선하는 것이 유효한 결과를 내는 것으로 확인됐다. 그렇기 때문에 게임 과몰입의 근본적인 치유를 위해선 부모의 심리 및 양육 태도를 동시에 고려할 필요가 있다."고 말했다.

나는 내 첫째 아이가 큰 잘못을 하면 그에 대한 벌로 게임을 못 하게끔 한다. 첫째 지율이는 나이가 들며 말투나 행동이 거칠어졌다. 요즘은 특히나 집에 같이 머무는 시간이 많으니 부딪치는 경우가 잦아졌다. 한번은 지율이의 버릇없는 말투로 인해 나는 버럭 화가 났다. 전에도 여러 번 주의를 줬는데 고쳐지질 않아 이번 기회에 확실히 버릇을 고쳐야겠다고 생각했다. 장시간 손을 들게 한 후 회초리로 종아리를 때렸다. 그것으로 부족하여 나는 1주일 동안 게임을 전면 금지했다. 내 아이는 다른 어떤 벌보다 게임을 못 하게 하는 것을 제일 싫어했다. 핸드폰을 뺏은 후 며칠 간은 몹시 언짢은 표정으로 생활했다.

그리고 며칠 후, 나는 아이의 학원 수강료를 결제하기 위해 학원을 찾았다. 나는 1층 로비가 학생들로 붐벼서 비상계단으로 올라갔다. 그런데 비상계단에서 아이들이 비둘기 떼 마냥 쪼르르 앉아 핸드폰게임을 하고 있었다. 아이들은 게임 얘기로 시끌벅적 떠들고 있었다. 나는 아이들을 피해 계단을 오르려는데 어디선가 익숙한 목소리가 들렸다. 지율이가 친구 핸드폰을 빌려 신나게 게임하며 수다를 떨고 있었다. 난 모른 척하고 지나쳤다. 친구들과 왁자지껄하는 모습이 너무 행복해 보였기 때문이었다. 내심 속으론 아빠와의 약속을 어긴 것이 괘씸했지만, 한편으론 '얼마나 게임을 하고 싶었으면 저럴까?' 하는 생각도 들었다. 이후 나는 내 아이에게 별말 하지 않았다.

아이들에게 강압적인 방법으로 게임을 못 하게 한다면 아이들은 다른 곳에서 어떻게든 게임을 한다. 부모들 앞에서만 안 하는 척하는 것이다.

내 어릴 적도 이와 비슷했음에도 오랜 시간이 흘러 망각하고 살았다. 나는 그날, 내 아이의 해맑은 미소를 보며 나의 과거를 보았다. 예나 지금이나 아이들은 친구들과 함께 어울려서, 재밌고, 즐거운 시간을 보내야 한다. 요즘은 온라인 게임으로 친구들과 많은 시간을 보낸다는 것이 예전과 다를 뿐이다.

아이들이 게임의 과몰입을 피하고, 학업에 지장을 받지 않으려면 자기 통제가 중요하다. 다시 말해 '자기 통제력'이 부족하면 게임 과몰입에 빠질 확률이 높아지는 것이다. 그렇다면 자기 통제력은 어떤 요인이 가장 큰 영향을 줄까? 그것은 바로 '학업 스트레스'다. 지속적인 부모의 과잉 간섭과 무리한 기대가 학업의 스트레스를 증폭시키고 결국 자기 통제력을 상실하게 된다. 그러곤 게임에 한없이 빠지게 되는 것이다.

2019년 세계보건기구(WHO) 위원회는 만장일치로 '게임중독'을 질병으로 분류했다. 이제 '게임 과몰입'은 우리나라뿐만 아니라 전 세계적으로 주목받는 대상이 됐다. 그런데 미국이나 유럽과 달리 우리나라는 가장 대표적으로 '게임 과몰입'이 사회 문제화가 되고 있다. 우리나라의 빠른 경제 성장은 사회 전반에서 학업 경쟁을 부추기는 환경을 조성했다. 빨리 학업 성과를 이뤄서, 빨리 좋은 대학에 들어가, 빨리 성공을 이뤄야만 하는 한국의 '빨리빨리' 문화는 아이들을 공부 지옥으로 내몰았다.

기성세대들은 우리 아이들이 왜 게임에 깊이 빠져드는지 고심해야 한다. 아이들이 게임을 즐기는 가장 큰 이유는 자신이 처한 스트레스를 해소하려는 것이다. 게임은 그것을 만족할만한 충분한 순기능을 내포하고 있다. 만약 아이들 스스로 절제하는 선에서 게임을 즐긴다면, 요즘 세상에서 게임만큼 학업 스트레스를 푸는 최고의 수단은 없을 것이다.

2장

게임은 탁월한 미래 교육 수단이다

01

게임과 교육이 연결되는 세상이 도래했다

사람들은 일상을 살면서 게임을 이용한 교육을 받은 경험이 있을까? 게임화(Gamification) 교육이 생소하게 들릴 수 있지만, 우리 일상에 깊숙이 들어와 있는 게 사실이다. 대부분의 사람들은 게임화 교육을 인식하지 못한 채 직간접적으로 경험하고 있다.

2019년 5월 세계보건기구(WHO)는 게임중독을 질병코드로 등록했다. 하지만 코로나19로 인한 팬데믹(세계 대유행) 사태는 WHO의 태도를 돌려놓았다. 사회적 거리두기 일환으로 'Play apart together(거리를 두고 함께 플레이하세요)' 캠페인을 통해 게임을 적극 권장했다. 코로나19로 인해 비대면 활동이 증가하면서 게임에 대한 사회적 인식도 긍정적으로 변하고 있는 것이다.

게임의 인식이 바뀌면서 교육용 게임이 각광받고 있다. 또한 재미없는 사회적 활동을 게임을 통해 참여를 유도하는 '게이미피케이션(Gamification)'이 도입되어 많은 성과를 내고 있다. 일반인에게는 낯선 단어지만 이미 10년 전부터 미국에서 활발히 연구됐고 우리 사회에 상당한 영향을 주고 있다. '게이미피케이션'이란 번역하면 게임화(化)이다. 단순히 즐기는 게임과 달리 게임이 아닌 분야에서 게임적인 사고와 기법을 활용해 행동 변화를 이끄는 것을 말한다. 쉽게 말해서, 게임이 아닌 다른 분야에서 게임의 방법을 사용해 재미있게 만드는 일이다. 스타벅스에서 사용하고 있는 별 적립 마케팅이 대표적인 사례이다. 고객은 커피를 구매하면 별을 모을 수 있고, 별이 쌓이면 일정 레벨에 도달하여 업적을 달성한다. 그러면 커피나 쿠폰으로 보상해주는 방식이다. 이것은 게임에서 사용하는 전형적인 기법이다.

요즘 게임을 기반으로 한 실내운전연습장이 인기를 끈다. 얼마 전 사회에 첫발을 내디딘 사촌 조카가 새로 산 차를 끌고 내 집에 찾아왔다. 취업이 힘든 시기인데 직장을 잡은 것이 대견했다. 새로 산 차를 시승도 시켜줄 겸 자랑삼아 온 것이다. 사촌 조카는 2주 만에 운전면허를 땄다고 우쭐했다. 최근 초보 운전자로 인한 사고 증가로 운전면허시험이 어려워졌다. 특히 실기시험이 까다로워져 운전면허를 따고자 하는 사람에게는 상당한 부담이 됐다. 또한 도로주행을 하려면 시간과 비용이 만만치 않다. 그래서 사촌 조카는 실내운전연습장을 통해 단기간에 합격할 수 있었다고 했다.

실내운전연습장은 가상 시뮬레이션으로 실제와 비슷하게 주행운전을 훈련할 수 있다. 좌우, 전면 3개의 커다란 모니터가 설치되어 있고 핸들, 기어, 클러치 등 실제 자동차와 거의 흡사하다. 물론 차량의 진동이나 기어의 빽빽함이 현실과 약간의 괴리감이 있을 수 있다. 하지만 가상 시뮬레이션을 이용하면 저렴한 비용으로 원하는 시간에 연습할 수 있으니 바쁜 직장인이나 학생들에게 인기를 끌 수밖에 없다. 가상 시뮬레이션으로 하는 모의 운전면허 시험은 실패해도 무한반복으로 도전할 수 있으니 게임의 요소를 십분 활용한 사례이다.

'게임화(Gamification)'는 최첨단 기술의 발전으로 교육, 건강, 금융 등 생활 전범위로 확장되고 있다. 특히 교육용 게임은 취학 전 아동들에게 가장 적합하고 수업에 대한 깊은 이해를 돕는 역할을 한다. 고학년으로 갈수록 발전된 기술을 적용한 고차원적인 게임을 이용해야 학습 효과가 있다. 교육용 게임은 재미와 학습 두 마리 토끼를 잡아야 한다. 아무리 재미가 있더라도 배우는 것이 없다면 교육용 게임이라 할 수 없다. 반대로 학습 효과는 있지만 흥미가 없다면 학습자에게 외면당할 수밖에 없다. 여기서 중요한 것은 게임이 교육 수단으로 발전하려면 게임이 지니고 있는 교육적 강점만 가지고 와서 게임화를 시켜야 한다는 것이다.

2003년 3월, 나는 한국무역협회를 통해 미국 내 취업을 제안 받았다. 당시 게임 업계에서 잘나가는 N사에 근무를 할 때였다. 중소 게임업체에서 힘들게 쌓은 경험으로 N사에 입사한 터라 미국 취업을 결정하는 것이 쉽지 않았다.

취업을 제안 받은 회사는 교육용 콘텐츠를 제작하는 회사였다. 자세하게 설명하자면 미국 국방부 소속 특전사(Special Force)인 파병 군인 상대로 언어와 신무기 관련 교육용 웹CD를 제작하는 회사였다. 나는 외국생활에 대해 상상해본 적도 없고, 영어회화에도 자신이 없어서 망설여졌다. 하지만 며칠을 고심한 끝에 도전해보기로 결심했다. 우선 1차로 간단한 전화 면접을 하고 작업적인 테스트를 받았다. 나는 회사에 출근하고 업무를 마치면, 밤에 테스트에 필요한 작업을 했다. 일주일 동안 밤을 새며 작업한 결과물을 이메일로 보낸 후 최종합격 결과를 기다렸다. 다음 날 늦은 밤 귀가해서 컴퓨터를 켜니 한 통의 이메일이 와 있었다. 미국 회사에서 함께 일하자는 내용과 미국 내 취업에 필요한 구비 서류를 포함하고 있었다. 나에게 새로운 도전을 알리는 신호탄이었다.

우선 미국에 취업하려면 비자 발급의 고비를 넘겨야 한다. 당시 9 · 11 테러가 터진 지 얼마 되지 않은지라 미국 비자를 받는 것이 쉽지 않았다.

한 번 발급이 거부되면 1년 후에나 다시 신청해야 했다. 하지만 다행히도 나는 취업비자를 받는데 3개월 정도 소요됐다. 아마도 나의 확실한 직장 신분과 금융 거래로 인해 단시간에 비자 발급을 받을 수 있었던 것 같다. 그러곤 몇 달 후, 우여곡절 끝에 미국으로 갈 수 있었다. 하루가 걸려 도착한, 미국 동부에 위치한 '노스캐롤라이나'에서 3년 동안 근무하게 되었다.

미국의 특전사(Special Force)는 전 세계로 파병을 나간다. 따라서 나라마다의 문화와 언어를 미리 습득해야 하는 것이 필수 교육 과정으로 되어 있다. 한국어를 비롯해, 스페인어, 일본어, 아랍어, 타갈로그어(필리핀) 등 파견될 나라의 언어를 3달 동안 교육받고 가야 한다. 현재는 증강현실(AR), 가상현실(VR), 음성인식, 행동인식 등 다양한 최첨단 기술을 활용하여 교육용 게임을 만드는 것이 일반화되어 있다. 하지만 그 당시는 주로 컴퓨터에 CD를 넣고 교육 코스를 이수해야 했다.

언어 교육용 게임회사에는 언어 콘텐츠를 제작하는 ID(Instruct Design)라는 포지션이 있다. 이는 일반 게임회사와 비교하면 기획자에 해당한다. 학습자의 입장에서 필요한 기능을 설계하고, 피드백에 대한 부분을 제품에 반영한다.

나는 주로 ID가 만든 기획안을 전달받아 게임의 형태로 제작했다. 3D 동영상, 플래시 애니메이션, 사운드 편집 등 모두 학습자가 쉽게 상호작용을 할 수 있게 하는 작업물들이다.

미국에서 일할 당시 언어 교육용 게임

이처럼 게임을 활용한 교육은 흥미를 유발하고 장시간 동안 교육을 하여도 지루함을 덜 느끼게 하는 장점이 있다. 미 특전사들은 파병이 결정된 나라의 언어를 단기간에 습득해야 하므로 게임의 형태로 배우면 효율성이 극대화된다. 물론 활자로 된 책을 이용해 기본 지식을 습득하고, 실전적이며 반복적인 학습을 위해 게임으로 훈련하는 것이다.

둘째 아이의 나이는 일곱 살이다. 매주 금요일 오후 5시가 되면 한글 수업 선생님이 집에 오신다. 벌써 1년째 한글 수업을 받고 있다. 둘째 아이는 아직 유치원생이라 집중력이 오래 가지 못한다. 대개 5~7세 한글 수업은 10분에서 20분 사이에 끝난다. 짧은 수업 시간이지만 아이는 한글 수업을 많이 기다린다. 선생님은 우리 집에 오시면 먼저 손을 깨끗이 씻으시고는 멀찌감치 떨어져 마스크를 쓰신 채 아이 공부방으로 들어가신다. 선생님과 내 아이는 서로 마스크를 쓰고 거친 숨소리를 내며 수업을 한다. 코로나19 이후에 생겨난 진풍경이다.

수업을 하는 동안 주로 나는 거실에서 책을 읽는다. 선생님의 톤 높은 설명에 '까르륵' 아이의 웃는 소리가 들린다. 작년에 나는 아이에게 한글을 가르쳐보려 했으나, 딱딱하고 재미가 없어서 그런지 나와는 공부를 하려고 하지 않았다. 육아 경험이 처음인지라 시행착오가 많은 시기였다. 올 초까지만 해도 둘째 아이는 한글을 잘 읽지 못했다. 그런데 몇 달 전부터 한글 실력이 월등히 향상됐다.

이유를 살펴보니 아이의 흥미를 유발하는 요인이 하나 있었다. 둘째 아이의 수업 교재는 얇은 책 한 권, 그리고 교육용 패드이다. 교육용 패드에는 게임을 기반으로 하는 학습 도구가 들어 있었다. 설명하는 캐릭터가 나와서 누르면 소리도 나고, 말하면 대답하기도 한다. 단어 문제를 게임 형식으로 풀고, 사진을 찍어서 상황에 맞게 설명을 유도하기도 한다. 얼마 전부턴 학습 노력에 대한 보상을 게임의 형식으로 주었다. 예를 들어 주어진 문제를 풀면 캐릭터에다가 모자를 씌울 수 있거나, 장갑을 끼울 수 있다. 아이는 그것들을 얻기 위해 평소 10분을 공부하기도 힘들어했는데 무려 30분이나 앉아서 공부를 했다. 뭐라고 혼자 중얼거리며 게임 같은 공부를 했다.

둘째 아이는 많은 정보를 흡수할 수 있는 시기이다. 이 아이에게는 스파르타식 주입 교육보다 흥미와 재미가 우선돼야 교육의 효율성이 높아진다. 수업을 진행하면서 활자 책보다 패드를 이용한 공부를 선호했다. 당연히 누르고, 소리 지르고 하면 즉각 반응을 하니 책보다 훨씬 재밌을 것이다. 하지만 교육에 있어서 바탕은 책이 돼야 한다. 또한 효율성 측면에서 본다면 교육의 게임화는 우선 취학 전 아동을 상대로 집중돼야 할 것이다.

게임을 이용한 교육 방식은 정규 교육 과정에서 아직 낯설 수 있다. 이는 미래의 교육에 대한 사회적 시도이자 도전이다. 짧은 시간에 갑자기 변화하기는 불가능하다. 이미 우리 곁에 가까이 다가와 있는 게임화(Gamification) 교육은 바람직한 방향으로 나아가기 위한 도전의 시간을 거치고 있다. 게임을 활용하여 무엇을 할지에 대한 방향을 결정하고, 단순히 정보를 얻는 데에 그치지 않고 학습자들이 스스로 생각을 만들어내고 창의적으로 표현하는 사고의 도구로 이용되어야 한다. 시도해봐야 경험이 쌓이고 새로운 방법을 찾을 수 있다. 앞으로 게임의 위상은 더욱 높아지고 중요성이 더해질 것이다. 합리적인 게임화(Gamification)의 활용은 미래 교육의 문을 여는 열쇠가 될 것이다.

02

미래 세대를 위한 새로운 공부법은 게임이다

"지율아, 너는 커서 뭐가 되고 싶어?"

"아빠, 난 커서 크리에이터가 될 거야."

"크리에이터? 그게 왜 되고 싶은 건데?"

"응. 그냥 재미있을 거 같아서…."

이따금 나는 첫째 아이에게 앞으로의 꿈을 물어보곤 한다. 열두 살 지율이는 자라면서 꿈이 여러 번 바뀌었다. 미국 메이저리그에서 류현진 선수가 맹활약할 당시 야구선수가 꿈이었고, 잉글랜드 프리미어리그에서 손흥민 선수가 주가를 올릴 때는 축구선수가 되는 게 꿈이라고 대답했다. 그런데 '크리에이터?' 생소한 장래희망에 좀 당황했다. 단어의 의미는 알고 있었지만 '뭘 만들어내는 직업인가?' 하는 생각에 인터넷을 통해 찾아보았다.

"어원 자체는 창조자, 창작자, 생산자, 개발자, 작가 등에서 유래되었다. 인터넷 플랫폼에서 활동하는 인터넷 방송인을 일컫는 말로 어떠한 주제를 가지고 인터넷 방송 또는 영상 및 음원 제작을 하는 사람을 가리키는 단어이다."라고 쓰여 있었다. 지율이는 요즘 반 친구들이 가장 되고 싶어 하는 직업이라고 덧붙여 말했다.

우리 아이들의 장래희망은 그 시대의 성공담이 반영되기 마련이다. 의외로 요즘은 판검사나 과학자를 희망하는 아이들이 별로 없다. 내가 어릴 때만 해도 장래희망을 물어보면 대통령이 되고 싶다는 아이가 제일 많았다. 그만큼 그 시대마다의 가치관과 성공 사례에 의해 아이들의 장래희망이 결정된다. 요즘 초등학생들이 가장 선호하는 직업으로 운동선수를 꼽는 이유도 해외에서 눈부신 활약을 하고 있는 국내 선수들의 영향일 것이다. 또한 디지털 시대의 수많은 정보로 인해 아이들의 장래희망이 더 구체적이고 다양해졌다. 막연하게 꿈꾸는 것이 아니라 아이들 스스로 정보를 찾아보고 책이나 영상을 통해 자신의 미래를 구체화시킨다. 또한 요즘 아이들에게 직업은 자신이 재미있어야 하고 그것을 더 열심히 하게 만드는 수단으로 생각한다. 초등학생들의 장래 희망에 '유튜

버'와 같은 '크리에이터'가 상위 순위에 있는 것도 이런 이유일 것이다.

대개 부모들이 아이들의 공부를 목숨 걸고 시키는 이유는 명문 대학을 나와서, 좋은 직장에 다니며 안정적으로 살길 바라기 때문일 것이다. 결국 돈 잘 버는 직업을 구해서 결혼하고 아이도 낳아서 행복하게 살길 원한다. 전부는 아니더라도 많은 부분에서 공부는 직업과 직결될 수밖에 없다.

세계적인 미래학자 토머스 프레이(Thomas Frey) 박사는 UN 미래보고서에서 "지금 존재하는 일자리 중 80%가 2030년 안에 사라질 것이다."라고 했다. 또한 테슬라 최고 경영자인 일론 머스크(Elon Musk)도 "미래에는 인간의 20%만이 의미가 있는 직업을 갖게 될 것이다."라고 경고를 했다.

인간의 일자리가 점차 사라지고 있다면 지금 우리는 무엇을 준비해야 할까? 아니 우리 아이들은 무엇을 어떻게 준비해야 할까? 우리는 TV를 켜면 종종 뉴스에서 '4차 산업혁명이 시작됐다', 'AI가 인간을 대체할 것이다'라는 등 이런 기사들을 들을 때마다 무서움마저 든다. 물론 이 변화에 긍정적인 시각도 많지만, 근 미래에 아이들의 공부와 연관 지어 생각하면 무엇을 어떻게 대비해야 할지 막막하기만 하다.

이제는 누구나 스마트폰으로 쉽게 인터넷에 접속하는 시대에 지식을 그저 많이 습득하는 것은 의미가 없다. 무엇보다 인간은 수많은 데이터

중에서 필요한 정보를 찾아내서, 정보를 새롭게 조합해 문제를 해결하는 융합 능력이 중요하다. 정답이 있는 문제는 인간보다 인공지능이 더 잘 해결할 것이기 때문이다. 인간에게 필요한 건 정답이 없는 문제에 도전하여, 단순 암기를 뛰어넘어 문제를 깊이 고민하고, 다른 분야와 융합하여 해결하는 능력이다.

그렇다면 미래의 변화에 대응하기 위한 공부는 어떻게 접근해야 할지 생각해볼 필요가 있다. 공부하는 사람들은 일반적으로 세 가지 유형이 있다.

첫 번째는 단순 암기만 하는 유형이다. 지식의 내용을 단편적으로 기억하고 그 지식을 다른 곳에 활용하거나 응용하지 못한다. 일단 시험에 합격하는 것을 최우선으로 한다. 자신보다 뛰어난 전문가의 의견을 그대로 받아들이고, 그 전문가가 결과를 부정하면 자신도 따라 부정하게 된다. 이들은 풀기 어려운 문제가 나오면 스스로 답을 찾지 않으며, 자신이 주도하는 공부가 아니라 피상적인 공부에 그친다.

두 번째는 자신을 극복하는 유형이다. 이 유형의 사람은 시험의 커트라인를 넘어 가장 좋은 성적을 올리려고 한다. 스스로 목표를 정한 후 목표를 달성하기 위해 전략적으로 공부한다. 주로 타인과의 경쟁에서 승리하여 명문대에 들어가거나, 대기업에 스카우트된다. 답이 없는 문제에 닥쳤을 때 전문가의 말에 무조건 수긍하지 않고 여러 전문가들의 말을 듣고 답을 찾는다. 하지만 전문가가 알려준 결과만 이용하고, 결과가 도출되기까지의 과정에는 관심이 없는 것이 이들의 한계이다.

세 번째는 즐기며 깊이 있게 하는 유형이다. 미래 세대를 위한 유형이다. 단순히 암기하고 주어진 문제를 푸는 것에 연연하지 않는다. 문제의 숨은 뜻과 응용 방법을 생각하면서 문제 해결을 위해 다각도로 생각한다. 이들은 풀 수 없는 문제가 나오면 전문가의 말을 따르지 않고 자신의 답을 만들려고 한다. 합리적인 사고를 통해 자신만의 결론을 내린다. CEO, 예술가, 작가들이 대표적이다. 누군가에게는 풀리지 않는 문제를 오랫동안 고민하는 것이 고통스러울 수도 있다. 하지만 이들은 자신이 즐기는 과정에서 호기심이 생기고, 만족감을 느끼며, 동기 부여를 받는다. 진정으로 공부를 즐기는 사람들이다.

지금까지는 두 번째 유형이 사회를 이끌어가는 시대였다면, 앞으로의 시대는 우리가 풀어야 할 정답이 없고 성적의 순위가 아니라 남들과 다른 것을 만들어내는 능력일 것이다.

나는 그래픽 부문 팀장으로 오랜 기간 게임 업계에서 일했다. 일의 특성상 게임을 만드는 일은 구성원들의 협력이 가장 중요하다. 게임을 개발하려면 세 부류의 능력자들이 필요하다. 프로그래머, 그래픽 아티스트, 기획자가 그들이다. 프로그래머는 요즘 아이들 교육에 인기를 끌고 있는 코딩, 즉 프로그래밍을 사용하여 게임이 실제로 구동되게 하는 사람이다. 그래픽 아티스트는 게임의 세계관에 걸맞게 아름답고, 멋지게 만드는 사람이다. 그리고 기획자는 게임의 전체적인 판을 짜는 사람이다. 만들고자 하는 게임의 콘셉트와 어떤 재미를 줄 것인가에 대한 근본적인 모양새를 잡는다.

예전 회사의 기획자 중에 많은 시간을 함께한 K실장이 있다. 그는 대학에서 역사학과를 전공하고 대학 시절 아마추어 게임 창작대회에서 대상을 탄 영향으로 게임 업계에 입문했다. K실장은 하나의 게임을 대단히 성공적으로 런칭한 경험이 있는 게임 업계에선 보기 드문 스타 개발자이다. 성공한 게임을 만들려면 무엇보다 팀원들 사이의 협력이 가장 중요하다. 나 역시 이 성공한 게임을 만들며 개발자끼리의 협력이 무엇보다 중요하다는 것을 뼈저리게 느꼈다.

신규 게임 제작에 들어가면, 먼저 프로그램, 그래픽, 기획 3파트의 리더가 모여 회의를 한다. 그중 기획자가 개괄적인 밑그림을 제시하면 나머지 파트에서 제작 가능 여부를 판가름하여 진행할지를 결정한다. 이 회의에서 결정된 사항을 일정 기간에 걸쳐 프로토타입을 만들고, 테스트를 통해 실제 제작에 들어갈지 결정한다. 이런 과정을 반복하여 만들어진 프로토타입을 가지고 경영진과 논의하여 시장에 내놓을지 판단한다. 만약 공들여 만든 프로토타입이 대중에게 부합하지 않는다고 판단되면 그동안 투입된 시간과 인력이 전부 날아가는 것이다. 프로토타입이 경영진에게 통과했더라도 시장에서 성공하리란 보장은 없다. 그만큼 시장에서 게임이 성공하기란 여간 힘든 것이 아니다.

첫 단추를 잘못 끼우면 처음부터 다시 해야 하기에 게임이 성공하려면 가장 중요한 것은 기획이다. 나와 K실장은 게임 업계에 첫발을 디딘 초기부터 같이 일을 해왔다. 나는 수많은 시간을 함께하며 K실장의 창작으로 인한 고통을 목도했다. 기존에 존재하는 게임을 만들면 대중에게 외면당하기에 사람들에게 새로운 재미를 선사하기 위한 창작의 고통은 이루 말할 수 없다. 개발 중에 기획의 실수로 다시 만드는 일이 생기면 동료나 경영진에게 느끼는 중압감은 상당하다. K실장은 젊은 시절부터 시작한 게임 개발로 마흔이 훌쩍 넘는 시간 동안 어느새 반 백발이 됐다. 비록 나는 게임 업계를 떠나 자영업을 하고 있지만, 그 시절 가족과도 같았던 K실장, 여러 개발자들이 그리울 때가 있다.

요즘은 아이들이 좋아하는 것을 직업으로 선택하기 때문에 게임 개발자를 꿈꾸는 아이들이 전에 비해 많아졌다. 보편적으로 게임 업계는 획일적인 사고를 하는 사람보다 창의적인 사람을 필요로 한다. 인터넷 방송이 대두되기 전에 크리에이터란 게임 개발자들을 지칭했다. 창작의 과정을 통해 탄생한 자식과도 같은 게임이 대중에게 찬사를 받는다면 그때의 희열감은 무엇과도 바꿀 수 없다. 게임은 크리에이터에 의해 만들어지고 미래엔 놓쳐서 안 될 중요한 산업이다.

이 시대의 10대 아이들은 공부 스트레스에 시달리며 살고 있다. 좋은 성적을 얻지 못하면, 다른 어떤 재능으로도 인정받기 어렵다. 단순히 성적을 올리고 시험에 합격하기 위한 공부가 아닌 문제의 본질을 탐구하여, 보다 깊이 있는 공부로 성취감을 이뤄내야 한다. 그로 인해 공부를 바라보는 시각을 넓히고, 아이들에게 적합한 공부법을 찾아서 성공적인 변화를 만들어야 한다. 아이들은 자신만의 독창적 사고로 친구들과 협력하며 게임을 즐긴다. 그곳에서 아이들은 게임을 하며 심리적인 탈출구를 찾는다. 미래 세대를 위한 공부법은 기존 교육의 한계를 넘어 한 단계 발전된 공부법이어야 한다. 다양한 분야를 연결하고 스스로 성장한 것에 만족감을 얻는 공부법만이 급변하는 시대에 반드시 필요한 교육이다.

03

미래의 교육은 게임을 이용한 스마트학습이 답이다

우리 부부는 2002년 월드컵 4강 신화를 이루기까지, 모든 경기를 응원하다가 눈이 맞았다. 그 당시 경기가 끝나면 사람들이 길거리에 몰려나와 승리의 기쁨에 도취해 너도나도 "대한민국!"을 외쳤다. 옆에 있는 모르는 사람과 포옹도 하면서 승리의 기쁨을 나누었다. 가던 차도 멈추고 차위에 올라 같이 태극기를 흔들었다. 이런 분위기 속에서 우리 부부의 인연은 시작됐고, 10년 연애 끝에 결혼에 골인했다.

21세기에 들어서면서 나는 2002년 '사스', 2009년 '신종 플루', 2012년 '메르스' 등 여러 감염병을 보아왔다. 그때마다 인간은 그럭저럭 잘 막아냈고, 길어야 수개월이면 대부분 잦아들었다. 하지만 이번 코로나19의 위력은 기존에 경험하지 못한 파급력으로 장기간 사회 전반에 악영향을 미칠 것 같다.

나는 '신종 플루'가 한창 기승을 부릴 때 결혼했다. 당시 정부는 급속도로 확산되는 상황에 여행을 제한했고, 우리 부부는 신혼여행을 취소하기에 이르렀다. 그런 이유로 나는 감염병에 대한 트라우마까지 생기게 됐다. 나는 아내에게 아직까지 가지 못한 신혼여행 때문에 마음 한구석에 미안한 마음을 갖고 산다.

2019년 12월 중국 '후베이성 우한시'에서 처음 시작된 코로나19는 생활 전반에서 비대면화를 부추겼다. 그로 인해 디지털 교육 분야의 발전이 가속화되었다. 학교나 학원을 가지 못하는 학생들을 대신해 온라인 강의나 스마트학습 프로그램이 보편화되는 등 학습의 패러다임을 바꾸어놓았다.

따라서 비대면 교육 서비스에 대한 관심은 해가 갈수록 높아질 것으로 예상된다. 이로 인해 아이들은 게임화(Gamification) 학습, 스마트 러닝, AI 스마트학습 등의 다채로운 방식으로 학습할 수 있게 되었다. 또한 가정에서 양질의 교육을 받을 수 있어서, 스마트 기기에 익숙한 아이들 사이에서는 새로운 공부법으로 통하고 있다.

뿐만 아니라 디지털 방식의 스마트학습은 코로나로 인해 발생한 학습 격차를 줄일 것으로 전망되며, 팬데믹 시대의 언택트 교육 방식을 보다 효율적으로 활용함으로써 미래의 교육 방향을 제시할 수 있을 것이다.

우리 아이들은 발달 단계와 준비 정도에 맞춰 그 시기에 맞는 교육을 받는다. 영유아 시기는 주로 감각을 이용하는 놀이를 통해 학습을 한다. 유치원에 들어가면서 친구들과의 공감과 배려를 알게 되고, 초등학교 이후부터는 사회적 지식과 책임, 공동체 의식을 배우게 된다.

내 아내는 자식에 대한 교육열이 남다르게 높다. 결혼 전 방문교사로서 아이들을 지도한 경험도 있다. 주변 또래 엄마들과 자식 교육에 관해서라면 열을 다해 얘기하곤 한다. 그래서인지 우리 아이들은 어려서부터 여러 학원에 다녔다. 지율이는 5세가 되면서 '레고'학원에 다니기 시작했다. 평소 지율이가 만들기에 관심이 많은 터라 아내는 큰마음 먹고 레고 학원을 끊었다. '레고'학원은 수업에 필요한 교구들이 고가인 이유로 다른 학원에 비해 수업료가 비싼 편이었다.

한번은 지율이가 평일에 못 한 수업을 채우기 위해 토요일인데도 불구하고 보충수업을 했다. 주말에는 학원 차량을 운행하지 않는 관계로 내가 학원에 데려다주었다. 나는 수업이 끝나기를 기다리다가 우연히 수업 과정을 보게 됐다. 처음에 나는 레고를 재미있는 장난감 정도로 생각했었다. 하지만 수업에 사용되는 교구들은 내가 상상한 것보다 훨씬 굉장하고 정교했다. 기본이 되는 레고 블록을 조립하여 자동차를 비롯해 중장비, 비행기, 로봇 등 아이들이 흥미를 느끼는 데 필요한 대부분의 것을 만들었다. 심지어 아이들은 모터나 전기장치와 같은 구동장치를 만들어 실제로 움직일 수 있게 했다. 또한 단순히 제작에만 그치지 않고 주제를 정하고 아이들만의 스토리텔링 기법을 이용해 레고 프로젝트도 진행했다.

예를 들어 주제가 '물의 순환'이라면 여러 아이들이 머리를 맞대고 물이 어떻게 순환하는지 연구하고 토론을 했다. 레고블록을 이용해 스토리에 맞게 장치와 세트를 구성해서 과제를 완성해냈다. 더 나아가 레고블록으로 로봇을 제작하여 논리적인 생각과 코딩을 통해 움직임까지 만드는 수준이었다. 매년 주제를 정해서 레고 창의력 경진대회도 진행한다. 내 아이도 팀으로 출전하여 예선은 통과했으나 본선에서 떨어지고 말았다. 하지만 아이가 대회를 준비하는 동안 줄곧 열정적이며 즐거워하는 모습은 정말 행복해 보였다.

우스갯소리로 요즘 아이들이 단군 이래 가장 스펙이 좋은 세대라고들 한다. 식물도 토양이 좋아야 건실히 자라듯이 이런 좋은 환경에서 자라나는 우리 아이들의 미래는 부모들의 역할에 의해 좌우될 것이다.

오래전 내가 언어 교육용 소프트웨어를 제작할 때 일이다. 교육용 소프트웨어를 개발하자면 기술적인 연구가 우선이다. 그 당시 언어교육의 중요한 기술적 주제는 인간의 표정과 음성인식에 관한 것이었다. 이 주제는 학습자가 언어교육을 받는 동안 상호작용을 통해 지루함을 줄이고 집중할 수 있도록 도와준다.

간단히 설명하면, 사람이 말할 때 나타내는 약 30가지의 얼굴을 3D모델링으로 제작하여 소리가 나는 음절에 맞추어 화면에 나타낸다. '아'라고 말하면 입 모양이 동글고 크게 벌린 얼굴을 불러오면 된다. 3D모델링으로 만든 얼굴이 많으면 많을수록 더 정교한 표정을 나타낼 수 있다. 당연히 '아'라는 소리를 판단할 수 있는 음성인식 기술도 필요할 수밖에 없다.

나는 수개월 동안 동료 프로그래머와 이 주제에 대해 매달렸다. 프로젝트를 기한 안에 마쳐야 했으므로 야근하는 횟수가 많아졌다. 내가 테스트를 위한 여러 가지 3D모델링 얼굴을 제작하면 프로그래머가 실제 음성과 비교하면서 최대한 자연스러운 표정을 찾아냈다. 많은 연구 끝에 우리는 만족할 만한 결과를 얻어냈고 무사히 프로젝트를 마칠 수 있었다.

교육적 효과를 높이기 위한 표정 작업

나는 프로젝트를 진행하면서 미래의 학습 방법에 대해 상상하곤 했다. '어떤 혁신적인 방법으로 인간의 학습 본능을 충족할까?' 하는 기대 아닌 기대를 해봤다. 우리는 영화를 보다 보면 허공에 문서들이 날아다니고 몇 마디 말로써 문제를 해결하는 모습을 종종 본다. 이러한 세상이 멀지 않았음을 직감했다.

과거에는 카드나 보드게임, 블록 등의 교구를 사용하여 학습을 했다면, 현재 아이들은 온라인을 통해 애니메이션, 게임을 이용한 상호작용이 풍부한 학습법이 대세다. 그중 게임화(Gamification) 학습은 재미 요소뿐만 아니라 동기 부여, 목표의식 등을 향상시킨다. 학습 과정에서 문제 해결 방법으로 게임적인 사고를 적용하는 '게이미피케이션(게임화)'이 주목받고 있다.

또한 앞으로의 교육에서 빼놓을 수 없는 것이 '인공지능(AI)'이다. 인공지능을 활용한 교육은 정보의 판단력이나 소통 능력을 길러 문제를 해결할 수 있도록 돕는다. 이것이 요즘 급부상하는 AI 스마트학습이다. AI 스마트학습은 비대면 맞춤형 학습을 가능케 하며, 학습자의 성향을 파악하여 학습에 도움이 되도록 유도한다.

한편 인공지능을 기반으로 하여 여러 기술을 담은 플랫폼으로 '스마트러닝'이 있다. PC나 패드를 이용하여 다양한 학습 콘텐츠를 제공하며, 학습자의 수준을 면밀히 파악해 그에 맞는 학습 방안을 추천한다. 여러 학생이 함께 공부하는 학원보다는 개인 맞춤형 교육이 가능해지면서 학습 격차도 줄이고 다양한 상호작용을 통한 경험으로 학습 효과를 극대화할 수 있다.

하지만 스마트학습의 부작용에 대한 우려도 크다. 지금도 아이들이 스마트기기에 매달려 사는데 학습 과정까지 확대하면 오히려 역효과가 나지 않겠느냐는 걱정이다. 또한 아이들은 많은 시간을 온라인 수업에 의존해 교육을 받다 보면 아이들과 선생님 간에 소통이 줄어들어 학습 관심도가 떨어질 수 있다. 따라서 스마트학습은 전반적인 기능이 편리하고 획기적인 학습 방법이지만 이런 문제점을 해결할 수 있는 방안을 연구하여 부작용을 최소화해야 할 것이다.

이제는 아이들의 교육에서 가장 중요한 능력은 창의력이다. 사회에서 필요한 기본적인 지식은 습득하되 진부한 사고에서 탈피해야 한다. 창조적 발상과 열정으로 새로움에 도전해야 한다. 기성세대들은 아이들의 생각을 막지 말고, 더 자유롭게 사고할 수 있는 환경을 조성해야 한다. 많은 노벨상 수상자를 배출한 유대인들 역시 아이들이 창의적인 사고를 할 수 있도록 사회적 지원을 아끼지 않았다. 이들은 자녀들에게 뚜렷한 목표와 시련 속에서 살아남는 법을 일깨웠으며 다양한 경험과 관점을 갖도록 독려했다.

앞으로 창의력 향상에 기대되는 방법 중 하나는 스마트학습이다. 스마트학습이 정착되려면 최첨단 기술이 필수요소다. 하지만 아무리 뛰어난 기술이라도 양질의 교육 콘텐츠가 없다면 어떠한 학습 효과도 기대할 수 없다. 스마트학습의 기틀을 다지기 위해선 교육의 경험이 풍부한 교사와 IT 전문가와의 협력이 절실하다. 또한 스마트학습이 사회 전반으로 확대되기 위해선 막대한 비용과 시간이 필요하다. 따라서 이런 환경이 조성되려면 정부 차원의 관심과 지원 없이는 어려울 것이다.

04

게임은 다양하게 즐길 수 있는 종합 콘텐츠이다

2020년 청와대에서 어린이날 초청 행사를 게임을 활용한 영상 콘텐츠로 대신했다. 코로나19로 인해 요즘 아이들에게 가장 인기가 있는 '마인크래프트'라는 게임 안에서 비대면으로 진행했다. 원래 어린이날이 되면 청와대로 어린이들을 불러 다과를 함께하는 것이 관례지만, 직접 만나기 어려워진 만큼, 가상세계의 게임 속 청와대에서 대통령 부부가 아이들을 만난 것이다. 대통령 내외는 "이곳에서 만큼은 마스크를 벗고 마음껏 뛰어 놀았으면 좋겠다.", "힘든 시간 잘 견뎌줘서 고맙다"고 격려했다. 당시 아이들의 최고 애창곡 〈아무 노래〉를 국악대가 나와 전통악기로 연주하고, 국민들을 위해 고생하는 의료진들을 게임 속 가상공간 안에서 보여줬다.

나는 코로나19의 시기에 게임이라는 형식을 빌려 아이들과 소통하는 상황이 매우 파격적이라 생각했다. 무엇보다 평소 권위적이라 생각했던 청와대에서 이런 발상을 했다는 것에 놀랐고, 내 아이가 평소 자주 흥얼거리던 〈아무 노래〉를 넣은 청와대의 센스에 감탄했다. 또한 게임 속에서 어린이들에게 희망의 메시지를 전달하기 위해 물장구를 치면서 손을 씻는 장면이나, 선별진료소에서 고생하는 의료진의 모습에 나 역시 코끝이 찡해졌다.

전에 내가 게임회사를 운영할 때 투자회사로부터 최신 비디오게임기를 선물로 받은 적이 있다. 하지만 자주 사용하지 않아 방 한구석 귀퉁이에 먼지만 쌓인 채 놓여 있었다. 첫째 아이가 초등학교에 들어가면서 친구들의 영향 탓인지 비디오게임에 관심을 보였다. 평소 모바일게임으로 소비하는 시간도 많은데, TV를 이용한 비디오게임까지 관심을 가져서 못마땅하게 생각했다. 그런데 지율이는 요즘 친구들과 꼭 하고 싶은 비디오게임이 있다고 졸라댔다. 그 게임이 바로 '마인크래프트'였다. 그래서 지율이의 열 번째 되는 생일날, 나는 직접 매장에 가서 게임CD를 선물로 사줬다.

처음 이 게임을 접하게 되면 단순한 그래픽 때문에 초창기 3D 게임을 보는 것 같다. 게임이 시작되면 끝을 알 수 없는 넓은 공간을 마주하게 된다. 주변은 동물들과 산과 나무, 바다 등 자연의 모습을 하고 있다. 지율이는 이곳저곳을 돌아다니며 땅을 파고 나무를 베기도 하며 이 과정에서 얻은 재료로 도구를 만들었다. 이 도구를 이용해 광물을 모아서 다양한 건물과 무기를 제작했다.

여타 다른 게임처럼 적을 무찌르거나 경기에서 이겨야 하는 것이 아니라 자신이 구상한 아이디어로 차근차근 자신만의 세상을 만들어가는 게임이었다. 나도 아이와 함께 플레이를 해보니 자유도가 엄청 높아서 상상력을 키우는 데 제격인 게임이었다. 서로 같이 의논하여 집과 마을을 꾸미고, 사냥도 하며 아이들만의 상상을 가상공간에서 마음껏 펼칠 수 있었다.

게임을 하다 보면 여러 가지 배경음악이 흘러나온다. 넓은 들판을 걷다 보면 잔잔한 음률이 흐르다가도 어디선가 맹수들이 공격하면 빠른 템포의 긴장감 넘치는 음악이 나온다. 시간이 흘러 해가 지면 주변이 어두워진다. 밤에 활동하는 야수를 피해 잠자거나 휴식을 취해야 한다. 또다시 해가 뜨면 현실의 세상처럼 열심히 일하며 모험을 즐긴다.

전 세계 아이들은 이 게임에 접속하여 자신이 만든 세상을 자랑한다. 아이들은 자신만의 아이디어로 가지각색의 블록을 이용해 거대한 그림을 그려 전시회를 열고, 자동차를 만들어 친구들과 같이 드라이브도 한다. 심지어 게임에 경험이 많은 아이는 디즈니 테마파크와 유사한 마을을 꾸며서, 친구들을 초대하기도 한다. 나는 줄곧 게임을 하는 동안 내가 상상한 것 그 이상의 콘텐츠가 이 게임에 녹아 있다는 사실을 알게 됐다.

미국에선 어린아이부터 부모에 이르기까지 거의 모든 연령층이 '마인크래프트'를 즐긴다. 일부 학교에선 정규 수업의 일환으로 이 게임을 도입하기도 했다. 더 나아가 소프트웨어, 수학, 역사 교육 등에 적용해 교육용 콘텐츠로도 활용하고 있다.

우리나라는 한때 게임을 공식적인 종합예술로 인정하려 했지만 번번이 무산됐다. 심지어 알코올, 도박, 마약과 함께 '4대악'으로 몰아가려 한 적도 있다. 사회는 게임을 유해적 속성을 지녔다고 생각하는 한편, 미래의 성장 동력 산업으로 여기기도 하는 양면적 자세를 취한다. 아이러니하게도 게임 산업은 코로나 경제 불황에도 불구하고 꾸준히 성장세를 유지하고 있다. 높은 고부가가치를 창출하며 고성장, 일자리 중심의 수출 산업이기도 하다. 사회적 거리 두기 속에서도 오히려 매출이 늘어나는 추세다.

이런 요인은 사람들이 다양하게 즐길 수 있는 콘텐츠가 많기 때문이다. 게임에는 서사적인 스토리와 예술적 영상, 음악, 미술 등 여러 가지 장르가 혼합하여 사용자에게 즐거움을 선사한다. 사람들과의 접촉을 피해 답답하게 살아가는 현실 속에서 게임이 주는 재미는 삶의 활력소가 되고 있다.

내 첫째 아이가 유치원 생일 당시 같이 다니던 '시후'라는 절친한 친구가 있었다. 시후네 가족은 근처 아파트에 사는 이웃사촌이기도 했다. 우리 가족과 시후네 가족은 자주 저녁 식사도 같이 할 만큼 친근한 관계였다. 그날도 서로 만든 음식을 가지고 두 가족은 저녁식사를 했다. 이런 저런 얘기를 하다가 시후의 친누나인 '시아'의 장래희망에 대해 얘기하게 됐다.

평소 게임을 즐겨하던 시아는 게임에 나오는 캐릭터를 스케치북 한가득 그려놓았다. 그 나이 초등학교 여학생들은 으레 만화나 게임에 등장하는 미소녀 캐릭터를 주로 그린다. 나는 미술을 전공했다는 이유로 주변 엄마들로부터 아이들의 그림을 봐달라는 부탁을 종종 받는다. 시아가 그린 그림은 또래 아이들에 비해 솜씨가 대단했다. 자신감 넘치는 선들과 화려한 색감을 자유자재로 쓴 걸 보니 미래의 화가로서 손색이 없었다. 언젠가 시아가 나에게 "저도 아저씨처럼 화가가 되는 게 꿈이에요."라고 했을 땐 그냥 하는 소리인 줄만 알았다. 하지만 내 경험에 비추어볼 때 아이의 그림에는 꿈에 대한 열정과 노력이 묻어났다. 나는 아이의 그림을 본 후론 진심으로 화가가 꿈이란 걸 알게 됐다.

게임이 일상생활을 파고들면서 아이들의 꿈에 많은 영향을 주고 있다. 게임 속에는 멋있는 그림과 귀를 즐겁게 하는 음악, 감동적인 이야기 등 오감으로 즐길 수 있는 많은 콘텐츠를 담고 있다. 더욱이 게임은 영화, 애니메이션, 웹툰 등 유사 분야의 교류를 통해 더욱더 막강한 종합 콘텐츠로 진화하고 있다.

최근 국내 대형 게임 개발사들은 자신들이 보유한 지적재산(IP)을 활용하여 종합 콘텐츠 기업으로의 변신을 시도하고 있다. 그들은 왜 막대한 자본 투자를 감수하면서까지 '게임 엔터테인먼트'로 거듭나려 하는 걸까. 게임 업계의 경쟁이 치열해진 측면도 있지만, 게임이라는 플랫폼이 다양한 분야의 콘텐츠를 흡수하여 시너지를 높이기에 훌륭한 환경을 가지고 있기 때문일 것이다. 예컨대 애니메이션 한편이 대박 흥행을 하면 얼마 지나서 게임으로 출시되는 경우가 허다하고, 게임이 크게 뜨면 그 게임의 스토리를 반영한 웹툰이 나온다. 서구의 흥행 영화로 대표되는 〈어벤져스〉 시리즈 역시 비디오게임이나 PC게임으로 대부분 출시됐다. 이런 흐름 속에서 게임은 아이들 미래의 꿈을 실현해줄 중요한 문화로 자리 잡고 있다.

내가 사는 집에서 차로 약 30분을 가면 '백남준 아트센터'가 있다. 아이들과 가끔 들러서 문화 양식을 채우는 공간이다. 전시장 입구서부터 엄청난 규모의 모니터 조형물에 압도당한다. 빨강, 초록, 파랑 등 여러 색깔이 현란하게 움직이며 시선을 사로잡는다. 내 아이들은 처음엔 독특한 소리와 화려한 색감으로 호기심을 갖는가 싶다가도 난해한 작품들 앞에서 궁금증을 풀다가 지쳐 집에 돌아가자고 한다.

예술사에서 세기의 한 획을 그었던 '백남준' 역시 한때 예술계에서 외면당했던 힘든 시기가 있었다. 저급한 예술가로 치부되는 와중에도 그는 인지도를 꾸준히 쌓아갔고, 기괴한 퍼포먼스를 이용한 끈질긴 시도 끝에, 비디오 아트는 점차 예술계에서 인정받게 됐다. 백남준은 새로움에 도전하는 개척자의 인내를 견뎌내고, 비디오 아트라는 장르를 개척한 위대한 예술가이다.

현대에 이르러 많은 논란을 일으키는 게임 역시 엔터테인먼트 산업 분야에선 개척 분야라 할 수 있다. 빠른 첨단 기술의 발전으로 탄생한 게임은 긍정과 부정적 시각이 공존하는 시기에 놓여 있다. 영화, 만화, 애니메이션, 등 모든 미디어는 하나의 예술문화로 인정받기 위해 부단한 노력을 해왔다. 앞선 미디어들은 오랜 시간을 견디며 사회에서 문화적 위치를 차지했다. 반면 단시간에 성장한 게임 산업의 가치 평가에 대해 논란이 있는 것도 어찌 보면 당연한 일이다.

현재 우리 사회는 게임문화가 성숙해지기 위한 과도기에 놓여 있다. 그 과정에서 단지 수익을 내기 위한 목적에 급급하지 말고, 건전한 문화적 확대를 위해 심혈을 기울일 때다. 과거에도 새로운 문화적 시도에는 홍역을 치르며 자리매김한 경우가 대부분이다. 게임의 장단점에 얽매여 대립하기보단, 게임을 즐기는 데에 그치지 말고 대화를 통해 게임 문화의 발전에 동참해야 한다. 이런 노력이 모여서 게임은 보다 다양하고 의미 있는 콘텐츠로써 사람들에게 사랑을 받을 것이다.

게임 전반에 대한 사회적 통찰과 합의가 빈번해질 때, 비로소 우리나라의 게임은 국내뿐 아니라 세계에서 인정받는 성장 산업으로 우뚝 서게 될 것이다.

05

아이에게 게임 교육 콘텐츠(기능성 게임)를 제공하라

모든 산업은 수요가 생겨야 공급이 있고, 공급이 원활해야지 돈이 돈다는 것은 당연한 사실이다. 그중 게임 교육 콘텐츠 산업은 세계 시장의 수요에 있어 발전 가능성이 무궁무진한 대표 분야다. 4차 산업혁명 시대가 열리며 기술집약적이며 콘텐츠의 결정체인 기능성 게임은 미래의 교육 수단으로 관심이 높아지고 있다. 특히 코로나19로 인해 전 세계 190여 개국 학생의 90%에 달하는 대략 16억 명의 학생들이 정상 수업을 못 하고 있다. 이로 인해 게임 방식을 활용한 교육용 콘텐츠 산업이 급부상하고 있다.

게임 교육 콘텐츠(기능성 게임)는 10여 년 전부터 투자를 아끼지 않았던 미국이 선도하고 있으며, 중국, 영국, 인도 등도 앞다투어 지속적인 개발을 하고 있다. 그에 비해 우리나라는 게임 교육 콘텐츠(기능성 게임) 분야에서 아직 후발 주자에 불과하다. 하지만 최근에 우리나라는 기능성 게임의 후발 주자임에도 불구하고 IT 강국의 위엄을 보여주듯 엄청난 속도로 성장하는 중이다. 현재 우리나라는 영유아를 위한 기초적인 기능성 게임과 초등학교 저학년을 위한 영어, 수학, 과학 등 다양한 교육 모델을 적극 활용하고 있다.

책이나 칠판으로 공부했던 부모 세대는 '게임 교육 콘텐츠(기능성 게임)'라는 용어가 생소할 것이다. 일부 인터넷 사용에 능숙한 부모라도 게임을 통해 아이들의 교육을 맡긴다면 거부감이 들 수 있다. 하지만 변화하는 교육의 흐름 앞에선 기능성 게임을 간과할 수 없다. 우선 게임 교육 콘텐츠(기능성 게임)를 이해하기 위해선 관련 용어부터 알아볼 필요가 있다.

비대면이 일반화된 이 시점에서 부모들은 내 아이에게 어떤 기능성 게임을 추천해야 할지 고민이다. 인터넷을 검색하다 보면 여러 가지 생소한 단어들을 접하게 된다.

에듀게임(Edugame), 에듀테크(Edutech), E러닝, G런닝, 에듀테인먼트(edutainment), 스마트러닝(Smart Learning), 게이미피케이션(Gamification) 등 많은 용어들이 있으나 포괄적인 의미에서 게이미피케이션(Gamification) 범주 안에서의 교육 콘텐츠라 할 수 있다. 단어별 의미를 살펴보면 다음과 같다.

에듀게임(Edugame)–교육(education)과 게임(game)이 합쳐진 단어다. 교육성과 게임성이 결합되어, 게임하는 과정에서 자연스럽게 교육적 효과를 얻는다.

에듀테크(Edutech)–교육(education)과 공학(technology)의 합성어로서, 교육 분야에 하드웨어, 소프트웨어, 가상현실, 증강현실, 게임, 모바일 등 최신 IT 기술을 적용한 산업을 말한다.

E러닝–전기적인(electronic)과 학습(learning)이 합쳐진 단어다. 90년대 후반에 본격적으로 연구되어, 기존의 오프라인 교육의 폐쇄성 및 주입식 교육의 폐해를 극복할 수 있는 학습 방법으로 출현했다. 대표적으로 '인강'(인터넷 강의)이 있다.

G러닝–Game based learning의 약자로 여러 사용자가 동시에 접속할 수 있는 온라인 게임을 수업도구로 활용해 학생들과 교사가 함께 게임으로 소통하며 공부하는 교육 방식을 말한다.

에듀테인먼트(edutainment)–교육(education)과 오락(entertainment)의 합성어로 게임을 하듯 즐기면서 학습하는 교육 방식을 말한다.

스마트 러닝(Smart Learning)–인터넷 클라우드 서비스를 기반으로 무선인터넷, 스마트 장치 등을 활용한 교육이다.

게이미피케이션(Gamification, 게임화)–보다 확장된 개념으로 실생활에서 게임적인 요소를 활용해 따분한 학습에 흥미를 유발하게 하는, 긍정적인 효과를 내는 교육 방식이다. 굳이 학습에만 국한되지 않고 사회적 문제 해결에도 적용되고 있다.

그렇다면 게임과 교육이 결합하면 어떤 일이 벌어질까? 게임은 '야누스의 얼굴'처럼 양면성을 가지고 있다. 중독과 몰입의 경계에서 사회적 이슈에 의해 줄타기를 하는 영역이다. 게임의 몰입을 학습에 적용할 수만 있다면, 지루하고 따분한 학습에 활력을 불어넣는 윤활유 역할을 할 것이다. 물론 어떻게 활용하느냐에 따라 학습 효과는 달라지겠지만, 학습에 재미와 흥미를 유발했다면 일단 대성공이다. 역시 교육의 본질은 스스로 학습에 대해 흥미를 가지게 하는 것이다.

20년 전 미국에서 일할 때 '말리'라는 클라이언트가 있었다. 말리는 히스패닉 계통의 60대 할머니였다. 우리 회사에 일감을 주는 중요한 인사였기에 말리가 회사에 오면 극진한 대우를 받았다. 그녀가 올 때면 항상 다섯 살짜리 '찰리'라는 손자를 데리고 왔다. 말리와 내가 회의를 하는 동안 찰리는 내 컴퓨터에 앉아서 게임을 했다. 정확히 말하면 교육용 게임이었다. 당시 다니던 회사는 교육용 콘텐츠 제작사라, 말리 역시 이 분야에 전문가이기에 손자는 교육용 게임으로 많은 것을 습득했다. 한국 아이들이 기역, 니은을 배우듯이, A, B, C를 게임을 통해 배우고 있었다. 몇 시간의 회의를 마치고 돌아오면, 여전히 찰리는 "까르르" 웃으며 용케 자리를 지키고 있었다. 회의를 마치고 돌아온 말리는 손자인 찰리에게 집에 가자고 해도 쉽게 일어나지 않았다. 찰리는 기능성 게임을 통해 기초적인 영어, 수학을 대부분 학습했다. 일찍이 미국은 게임을 통한 교육 콘텐츠에 관심과 투자를 아끼지 않았다. 물론 당시의 기술적 한계로 인해 영유아를 상대로 한 기능성 게임이 주류였지만, 미국이 세계적으로 게이미피케이션을 선도할 수 있었던 것은 다 그만한 이유가 있었던 것이다.

어느 날 인터넷에서 내 아이의 학습 자료를 찾다가 우연히 동영상 하나를 보게 됐다. 'TED'라는 미국 비영리 재단에서 운영하는 강연회에서 방영된 동영상이었다. 강연자는 게이미피케이션을 확산시키는 데 지대한 영향을 준 게이브 지커만의 연설이었다. 2011년 처음으로 미국 샌프란시스코에서 '게이미피케이션 서밋(회담)'이 열렸는데, 게이브 지커만은 회담 의장으로서 주도적인 역할을 하기도 했다.

강연의 주제는 '게임이 아이들을 과연 똑똑하게 만들어 줄까?'였다. 아이를 가진 부모라면 한 번쯤 관심을 가졌을 주제다. 그는 자신이 자라오면서 즐겨하던 여러 게임을 예로 들며, 게임으로 인한 문제점에 대해 현실적 대안을 제시했다. 몇 가지의 과학적 근거를 들면서 "게임으로 인해 어떻게 아이들이 똑똑해질 수 있는가?"에 대해 이렇게 얘기했다.

"제가 어렸을 때 비디오게임에서 가장 필요했던 기술은 단순히 눈과 손의 조합이었죠. 하지만 요즘 아이들이 게임을 하는 것을 보면 문자와 음성으로 대화하면서, 본인의 캐릭터를 움직이며 목표를 달성하죠. 게다가 끊임없는 잔소리로 방해하는 부모와도 맞서 싸워야 하죠. 하하. 요즘에 게임하는 아이들은 뛰어난 다중처리 능력이 있어야 목표를 성취할 수 있습니다. 그러나 우리는 그럴 필요가 없었죠."

사실 앞으론 다중처리 능력이 있어야 똑똑한 아이로 인정받게 된다. 미래는 우리가 사는 현재와는 많이 다를 것이다. 현재의 아이들과 게임화를 만드는 사람들은 변화된 세상을 원한다. 기존에 습득했던 방식으로의 교육은 한계점을 드러내고 있다. 이 강연을 보며 그동안 내가 가지고 있던 교육의 틀이 깨졌다. 기능성 게임은 책상에 앉아 영어 단어를 외우고 수학 문제를 푸는 학습 방식에서 벗어나, 게임을 활용해 동시다발적 상호작용으로 학습의 질을 높일 것이다.

얼마 전 K대학에서 주최하는 온라인 영재교육 수강을 위해 적지 않은 돈을 지불했다. 지율이의 여름방학을 맞이하여, 두뇌 계발을 위한 목적으로 수업을 듣게 되었다. K대학은 '4차 산업시대의 미래 이공계 리더를 위한 준비된 교육'이라는 슬로건을 걸고 전국 초, 중, 고등학생을 대상으로 수강생을 모집했다. 이 교육은 E러닝과 스마트러닝를 결합하여 사고력을 증진하기 위해 설계돼 있었다. 융합, 수학, 과학, 소프트웨어, 로봇 등 아이들이 미래에 꼭 필요하며, 흥미를 느낄만한 것들을 가르쳤다.

지율이는 생활 속에서 접했던 일이나 뉴스를 통해 봤던 것들을 수학이나 과학의 원리를 이용해 배우게 되니 너무 재미있다고 했다. 문제 해결에 있어 단순 공식을 피하고 원리 중심으로 배우게 되니 깊이 있는 공부가 됐다. 또한 많은 부분 게이미피케이션을 적용하여 흥미와 도전의식을 가지게 했다. 평소에 지율이는 과학에 호기심이 많았는데 이 교육을 통해 여러 가지 궁금증도 해소되고 과학의 관심도가 더 높아졌다. 특히 지율이는 나와 함께 대화하며 문제를 해결하니 더욱 재미를 느꼈다. 어려운 부분이 나오면 같이 자료를 찾아보고, 서로의 의견을 모아 결과를 도출했다. 지율이는 학교에서 만나볼 수 없는 문제를 해결하고, 탐구도 해보면서 여러모로 성장할 수 있는 시간을 보냈다.

게임은 게임을 즐기고, 활용하고, 느끼는 사람들의 생각에 의해 결정된다. 단지 시간 때우기나 화풀이의 수단으로 사용된다면, 게임은 부정적이고 저급한 분야로 전락하고 말 것이다. 게임 교육 콘텐츠로써 힘을 발휘하려면, 게임이 '공부의 적', '아이들의 적'이라는 이분법적 사고에서 벗어나, 게임의 순기능과 잠재력을 교육에 접목하여 미래의 교육 방식으로 거듭나야 한다. 디지털 정보화시대가 빠르게 다가오고 있다. 앞으로 아이들의 교육 환경은 어떻게 변화될지 아무도 알 수 없다. 분명한 건 다양한 분야의 융합과 합리적 비판능력, 창의적인 사고 능력이 절실하게 필요한 시점이다. 따라서 우리 아이들에게 이런 능력을 키우는 데 있어 절대적으로 필요한 '게임 교육 콘텐츠(기능성 게임)'를 제공해야 할 것이다.

06

게임은 AI 기술을 연구하기 가장 좋은 실험실이다

게임을 만든다는 것은 밥 먹을 때와 화장실 가는 일을 제외하곤 하루의 대부분을 컴퓨터 모니터 앞에 앉아 있어야 한다. 2016년 3월 초, 그날도 여느 때와 마찬가지로 모니터를 주시하던 중 옆에서 일하던 직장 동료가 잠시 후면 이세돌과 AI 알파고가 바둑 대결을 한다고 했다. 몇 주 전부터 이 세기의 대결로 나라가 떠들썩했다. TV나 인터넷에서 인간과 기계의 대결에서 누가 승리할 것인가에 대해 모두들 초미의 관심사였다. 하루 한 차례의 대국으로 총 5회에 걸쳐 서울의 한 유명 호텔에서 진행됐다. 나는 평소에 바둑을 즐겨두는 편이었고, 중급 정도의 실력은 되는지라 더욱이 관심이 쏠려 있는 터였다.

사실 나는, 당연히 이세돌 9단이 이길 것으로 생각했다. 야근을 하고 늦게 퇴근하면 가끔 바둑을 보다가 잠이 든다. 이세돌 9단의 수많은 대국을 보며 감탄한 적이 한두 번이 아니다. 불리한 흐름에서도 기발한 수를 두어 전세를 뒤집는가 하면, 바둑의 정석을 뛰어넘는 자신만의 묘수로 승리를 거머쥐는 것을 보고 있노라면 '바둑의 천재'라는 말이 나올 법도 하다.

내 컴퓨터 모니터 한구석에 이세돌 9단과 알파고의 대국 실황을 조그만 창으로 띄어놓고 회사 작업을 했다. 대국이 시작하기 전에 회사 동료와 누가 이길 것인가에 대해 내기를 했다. 전반적으로 기획 파트와 아트 파트는 이세돌 9단의 승리를 점쳤고, 프로그래밍 파트는 AI 알파고에 손을 들었다. 기계언어를 다루고 AI에 친숙한 프로그래머들은 아니나 다를까 알파고가 이길 거라 생각했다. 그래서 가끔 프로그래머 동료들에게 "피도 눈물도 없는 냉정한 AI들아."라며 농담 섞인 말을 건네곤 했다.

첫날 벌어진 1국은 백을 잡은 알파고가 186수 끝에 불계승했다. 이날 흑을 잡고 패배한 이세돌 9단은 이후에 기자회견에서 작게 웃으며 "진다고 생각 안 했는데 너무 놀랐다."라며 첫 소감을 털어놨다. 그날 회사 일을 마치고 동료 몇몇이 모여 술자리를 가졌다. 그 자리에서 나는 실망스러운 마음을 감추지 못해 술 취한 모습으로 열변을 토했던 걸로 기억된다. 인간이 기계에게 졌다는 사실이 인정하기 싫었다. 아니 인간이 꼭 기계에게 이겼으면 했다. 이후에 4번의 대국이 있었지만 이세돌 9단은 한

번 이기고 나머지 3판을 완패했다. 다섯 번째 대국이 시작될 즈음에는 인간이 기계를 상대로 1승 한 것을 위안으로 삼을 정도였다. 이젠 AI가 바둑, 체스, 포커 등으로 인간을 상대로 이기는 것이 상식이 됐다.

AI는 시간이 지남에 따라 점점 똑똑하게 진화하고 있다. 책을 쓰고 있는 이 순간에도 현재진행형이다. 그렇다면 AI란 과연 무엇일까? 우리 정부뿐만 아니라 전 세계적으로 미래 핵심 분야로 총력을 기울이고 있다. AI는 미래의 가치를 넘어 이미 영향력을 여러 분야에서 발휘하는 기술로 자리 잡았다. 이 기술은 산업, 생활 전반에 걸쳐 거의 모든 부분에서 응용할 수 있다는 것이 최대의 강점이다. 물론 우려하는 시선도 만만치 않지만 지속적인 발전을 할 수밖에 없는 분야이기도 하다. 원래 인간은 잘 알지 못하는 것에 두려움을 느낀다. 따라서 AI는 게임과 더불어 대중적인 인식이 중요한 분야라 할 수 있다.

인공지능(Artificial Intelligence)이란 한마디로 인간이 인공적으로 만든 지능을 기계에 넣은 것이다. 기계가 스스로 판단하여 행동하게 만드는 것을 말한다. 그렇다면 그 원리는 무엇일까? 그것은 바로 인간의 뇌를 닮게 만드는 것이다. 하지만 아직까지도 인간은 인간의 뇌를 정복하지 못하고 있으며, 많은 비밀이 풀리지 않고 있다. 인간의 뇌와 AI는 함께 발전하는 과정에 있다고 볼 수 있다.

그런데 왜 근래에 와서 인공지능(AI)이 핫 이슈로 떠오르는 걸까? 그 이유는 첫째, 컴퓨터와 인터넷망의 발전으로 데이터를 처리하는 능력이 급격하게 좋아졌고 둘째, 빅데이터(대용량 정보)의 시대가 빠르게 다가왔다는 것이다. 기술의 발전은 이전의 데이터 저장량에 비해 획기적으로 데이터를 모아 둘 수 있게 됐다. 최근의 미국 'G사'의 데이터 센터의 규모를 보더라도 상상을 초월할 정도의 크기를 자랑한다. 이전부터 AI의 기술은 이론적으로나 실무적으로 꾸준히 연구 중에 있었다. 앞선 두 가지의 이유로 AI가 널리 보급되고 발전할 수 있는 타이밍이 온 것이다.

인공지능은 크게 '머신러닝'(Machine Learning)과 '딥러닝'(Deep Learning)으로 구성돼 있다. 머신러닝이란 말 그대로 기계가 주체적으로 학습하는 것이다. 데이터를 분석하고 패턴을 인식하여, 기계 스스로 예측하게 된다. 기계 자체적으로 오류를 수정하여 정확도를 높여간다. 하지만 수정 과정에서 인간의 도움이 필요하기도 하다.

딥러닝은 머신러닝보다 한 단계 나아간 심층 학습 단계라 할 수 있다. 컴퓨팅 알고리즘과 빅데이터를 활용하여 보다 인간의 뇌와 유사한 구조를 갖추고 있다. 수많은 데이터의 상관관계를 찾아내고, 조합하여 예측이 한층 정확하다. 딥러닝 시스템은 시간이 지날수록 방대한 양의 오류를 다듬어 가면서 정확도를 높이게 된다. 이세돌 9단을 이긴 알파고 역시 이런 딥러닝 학습 과정을 거친 것이다.

우리 정부는 코로나19 극복 이후 세계적 경제 선도를 위한 국가발전전

략의 일환으로 한국판 뉴딜정책을 발표했다. 한국판 뉴딜정책에서 AI는 10대 중점과제로 선정됐다. 정부는 AI 데이터와 인프라를 확충하고 모든 산업에서 AI를 결합해 확산시킨다는 방침을 밝혔다.

이런 정부의 정책으로 관심이 쏠리는 분야는 콘텐츠 산업이다. 그 중에 게임 산업은 유독 많은 관심을 받고 있다. 이미 게임 분야에서는 AI를 적용해오고 있었으며 AI를 활용하기 적합한 콘텐츠다. 다양한 AI 기술을 게임 서비스에 접목하는 사례가 점점 늘어나는 추세다. 국내 굴지의 게임 개발사들은 AI 기술 발전을 위해 수년간 공을 들여왔다. AI의 무한한 가능성을 미리 내다보고 막대한 투자를 하는 것이다.

게임에는 다양한 AI 기술을 담고 있다. 사용자 간의 채팅에서 욕설이나 음담패설이 나오면 AI가 자동으로 걸러준다. 반복적으로 행했을 땐 게임에서 퇴출시키거나 심하면 계정 삭제까지도 한다. 이것은 오래전부터 대부분의 게임회사가 적용한 AI이다. 또 AI 몬스터가 전쟁의 난이도를 조율하여 사용자에게 좀 더 재미있는 환경을 제공한다.

무엇보다 게임 개발사 입장에서 심각한 문제가 되는 것은 불법 프로그램 사용이다. 이것은 게임 내 이상 현상을 발생시키거나, 어뷰징(게임의 시스템을 이용해 불법적인 이익을 취하는 행위) 사용자로 인해 제대로 된 게임을 진행할 수 없게 만든다. 이럴 때 빠르게 탐지하여 제거해주는 것이 AI의 중요 기능이다.

최근에 개발된 AI 기술 중엔 게임 내 캐릭터를 실제 사용자의 얼굴과 비슷하게 생성할 수 있게 한 것이 있다. 사용자의 사진을 분석해 게임 캐릭터를 자동 생성하게 하는 딥러닝 기술을 선보인 것이다. 기존에는 사용자가 손수 자신의 캐릭터의 얼굴과 몸을 만들어야 하는 번거로움이 있었다. 하지만 이젠 실제 사용자의 얼굴을 분석해 실존 인물과 매우 흡사하게 자동으로 만들어준다. 실제 얼굴의 형태와 질감을 예측하고 피부톤과 메이크업, 주름 등 아주 상세하게 구현할 수 있다. 실로 놀라운 기술 발전이라 하겠다. 이외에도 소소하게 AI를 활용하는 사례가 많으며, 앞으로도 더욱 다양하게 적용될 전망이다.

몇 년 전 스페인 그라나다를 배경으로 유명 배우들이 출연한 드라마를 본 적이 있다. 드라마 속 주인공이 스마트렌즈를 장착하게 되면, 돌연 평온했던 도시의 모습은 사라지고 위험천만한 또 다른 세계가 펼쳐진다. 포성이 난무하고 포탄에 건물이 부서진다. 광장 한가운데 있던 동상이 갑자기 칼을 빼들고는 공격하기 시작한다. 주인공은 레벨 1밖에 안 되는 녹슨 칼로 힘겹게 싸워서 동상이던 적군을 해치우고 레벨 2가 된다.

이 이야기는 증강현실(AR) 게임을 소재로 만든 드라마의 한 장면이다. 드라마의 주인공은 게임회사의 대표이며 실제 게임을 플레이하는 당사자로 나온다. 실제로 자신이 제작한 게임 속에서 현실과 가상 세계를 오가며 힘들어한다. 이 드라마를 보면서 영상 콘텐츠 산업뿐만 아니라 게임 산업의 발전을 실감했다. 나의 게임 제작 경험으로 비추어볼 때 이 같은 장면을 찍기 위해선 많은 비용과 시간이 필요하다. 영화가 아닌 드라마에서 이런 시도를 했다는 것 자체만으로도 대단한 도전이라 생각한다. 나는 콘텐츠 개발자가 기존에 경험하지 못한 장르를 지속해서 시도하여 세계적으로 인정받는 문화 콘텐츠로 자리 잡았으면 한다.

인간은 궁극적으로 인공지능(AI)을 기쁨이나 즐거움, 놀라움, 괴로움 등 사람이 느끼는 감정을 기술적으로 풀어내려 할 것이다. 또한 공감, 소통, 관계와 같은 인간 본연에 대한 연구를 통해 실제 사람처럼 상호작용하는 기계를 만들려고 할 것이다. 결국 인간이 AI를 처음 만들고자 한 의도는 기계가 최대한 인간을 닮길 원했고, 그것을 통해 인간이 더 나은 삶을 영위하길 바랐을 것이다.

현재 게임 산업은 인공지능(AI)과 첨단 기술이 접목되어 새로운 장르를 만들어내고 있다. 우리는 그 끝을 가늠하기 어렵다. 앞서 소개한 드라마는 곧 현실로 닥칠 것이다. 이것을 의심하거나 부인할 사람은 없다. 나는 오랫동안 실제 구현에 참여한 개발자로서 더더군다나 그러하다. 여러분은 게임이라는 실험실에 이미 들어온 것이다.

07

메타버스는 게임 기술을 이용한 집약체이다

2000년대 중반 나는 미국 동부에 위치한 중소 도시에서 IT 관련 일을 했다. 내가 일했던 직장은 교육용 콘텐츠를 제작하는 신생회사였다. 창업 초기인지라 성과를 내기 위해서 구성원들은 합심하여 열심히 일했다. 이른 아침부터 밤늦은 저녁까지 주말도 없이 일했다. 직원 구성을 보면 미국인과 한국인 비율이 반반 정도 됐다. 모두들 언어의 장벽을 넘어 즐거운 마음으로 가족처럼 지냈다. 우리 회사는 6개월간의 노력 끝에 안정적인 매출을 올리며 자리를 잡았다. 하지만 고된 업무로 인해 직장 동료들은 지칠 대로 지쳐 있었다. 그래서 재충전을 위해 과감히 2주간의 여행을 떠나기로 결정했다.

우린 다음 날 바로 3대의 차량으로 여행길에 올랐다. 구름 한 점 없는 파란 하늘 아래로 거침없이 내달리니 그간 쌓인 피로가 확 사라졌다. 최종 목적지를 뉴욕으로 정하고 중간 경로는 자유롭게 그때그때 정하기로 했다. 길을 가다가 바다가 보이면 낚시를 했고, 산이 나오면 캠핑장에서 하룻밤을 보내며 쏟아지는 별을 감상하기도 했다. 나는 지금까지 살면서 그때처럼 아름다운 별을 본 적이 없다. 우리는 오랜 노력 끝에 그동안의 고생을 보답하듯 마음껏 여가를 즐겼다.

한국 직원들은 미국의 자동차 여행이 처음이라 떠나기 전에 걱정이 많았다. 그래서 우린 지도를 구매해 전체적인 길을 숙지하고, 노트북에 미국 'G사'에서 제공하는 위성지도를 설치했다. 인터넷 최강국인 한국과 달리 해외에 나가면 'G사'가 만든 위성지도의 위력을 느낄 수 있다. 요즘 여행객들은 아예 핸드폰을 켜놓고 들고 다닌다. 조수석에서 직장 동료는 지도와 노트북을 보며 운전하는 나에게 길을 설명해줬다. 당시엔 '내비게이션'이 널리 보급되지 않아 초행길에 어려움이 많았다. 하지만 당시 미국에는 위성지도(GPS)가 잘 보급돼 있어 초보 여행자들에게 유용하게 쓰였다.

한때 속초시가 들썩인 적이 있다. 속초행 버스가 모두 매진되는 진풍경까지 벌어졌다. 그 이유는 세계적으로 인기를 끌었던 어떤 게임 때문이었다. 이 게임은 여러 나라에 동시다발적으로 서비스를 시작했는데 한국은 제외됐다. 하지만 강원도 속초 일부 지역에서 서비스가 된다는 소식이 알려지면서 웃지 못할 상황이 벌어진 것이다. 속초 시장까지 나와서 지역경제를 살리기 위해 게임을 홍보했다. 이런 상황을 어른들은 도무지 이해하기 힘들 것이다.

이 게임은 'G사'의 위성지도(GPS)를 기반으로 몬스터를 사냥하는 모바일게임이다. 핸드폰을 들고 실제 어느 지역에 가면 희귀한 몬스터가 출현해 게이머들의 발길을 끊이지 않게 만든다. 인기와 명성을 반영하듯, 이 게임은 출시 단 하루 만에 앱 스토어 최고 매출 1위를 차지했다. 또, 엄청난 수의 사람들이 몰려 서버가 다운될 정도로 폭발적인 인기를 끌었다. 이 게임으로 가상세계가 대중적으로 인기를 끌 수 있다는 사실을 확인해줬다.

최근 아이들 사이에선 '메타버스(Metaverse)'란 단어를 모르면 무시당한다. 왜냐하면 전 세계의 많은 아이들이 메타버스에 기반한 게임에서 오랫동안 시간을 보내기 때문이다. 그렇다면 '메타버스(Metaverse)'란 무엇일까? 가상, 추상을 의미하는 'Meta'와 현실세계를 의미하는 'Universe'가 합쳐진 단어다. 즉 3차원의 가상세계를 말한다. 예전엔 통상 가상현실(Virtual Reality)이라 했지만, 현재는 진보된 용어로 '메타버스'라 부른다.

초기 메타버스는 게임으로 시작됐다. 2D 그래픽에서 3D 공간으로 발전됐다. 게다가 온라인 네트워크 속도가 급속도로 빨라지면서 전 세계 수많은 사람들이 실시간으로 즐길 수 있는 문화로 발전됐다. 앞으로 사람들은 메타버스 위에서 진정한 세컨드 라이프를 즐길 것이다.

메타버스는 게임, 생활, 소통 관련 서비스뿐 아니라 업무 영역으로도 확장되고 있다. 현재 오프라인 사무실과 가상공간을 연동하여 효율적인 업무 방식을 연구 중이다. 세계 글로벌 IT 기업들도 이 영역에 뛰어들고 있다. 미국의 대표 IT 기업인 'M사'는 업무용 PC 없이 3D 안경만으로 가상공간에서 일할 수 있는 플랫폼을 선보이기도 했다. 메타버스는 산업 전반과 사회 분야로 확산, 적용됨에 따라 성장이 본격화될 전망이다.

메타버스는 게임이 아니다. 사람들에게 가상공간을 제공하여 기술적 한계 안에서 인간의 모든 활동을 실현할 수 있게 하는 플랫폼이다. 반면 현재까지는 대부분이 게임의 형태로 메타버스 공간을 활용하고 있다.

요즘 부모들은 공부할 게 너무 많다. 스마트폰이 널리 보급되면서 아이들의 변화 속도를 쫓아갈 수가 없다. 아이들을 겉으로 봐선 알 수 없으니 말이라도 통하려면 배워야 한다. 실제 부모가 배우려 해도 먹고 살아야 하는 현실 속에서 녹록지 않은 일이다. 하지만 인내심을 갖고 찬찬히 들여다보면 부모들이 몰랐던 세상이 존재한다는 걸 알게 된다. 아이들은 게임이나 유튜브, SNS에 빠져 있는 모습을 보면 그저 시간 죽이기가 아닌, 자기네끼리 관계를 만드는 소통의 창구란 걸 알게 될 것이다.

최근 메타버스 공간에서 전 세계적으로 인기를 얻고 있는 대표적인 게임 플랫폼이 있다. 오프라인에서 오랫동안 사랑받는 '레고'처럼 메타버스에는 '로블록스(Roblox)'라는 앱이 있다. 이곳에선 여러 종류의 게임을 모두 즐길 수 있다. 간단한 보드게임에서 시뮬레이션, 총싸움, 롤플레잉 게임 등 엄청난 수의 게임이 존재한다. 인기 게임은 얼마 되진 않지만 그래도 무려 4만여 개의 게임이 있다. 이것이 가능한 이유는 사용자가 게임도 즐기며 직접 게임을 제작하여 올릴 수 있기 때문이다. 간혹 아이들이 올린 게임이 대박이 나서 많은 돈을 벌기도 한다. 전 세계 매달 사용자가 무려 1억 6천만 명쯤 되니 그 대단한 인기를 실감할 수 있다.

어쩌면 우리 부모들은 이런 플랫폼을 모르는 게 당연할 수 있다. 왜냐하면 주로 아이들이 즐겨 하기 때문이다. 스마트 기기의 발달로 개개인의 취향 차이가 뚜렷해졌다. 아이들과 어른들이 즐겨 하는 앱의 세계가 완전히 다르다. 취향은 겉으로 드러나지 않으니 아무리 유명한 앱도 모르는 사람은 모른다. 더욱이 요즘 아이들은 프로그래밍을 필수로 배워야 하는 세대다. 게임에 관심을 갖는 부모도 드문데, 직접 아이들이 게임을 제작하여 즐기는 플랫폼이라면 모르는 것이 당연하다.

최근 몇 년 사이에 유독 '메타버스'의 인기가 가파르게 상승하고 있다. 그 이유는 코로나19 상황으로 집에서 게임하는 시간이 많아진 이유도 있겠으나, 핵심은 가상현실(VR), 증강현실(AR), 3D 관련 기기 등 획기적인 기술 향상과 디지털 네트워크의 발전을 들 수 있다. 때문에 진보된 기기와 다양한 콘텐츠가 만나 이전에 기술적인 한계로 할 수 없었던 것들과 새로운 플랫폼을 선보일 수 있게 됐다. 대표적으로 '메타버스'가 그것이다.

그렇다고 미래를 배경으로 하는 영화처럼 인간의 일상생활에 직접적인 영향을 끼치려면 아직 초보 단계다. 현실과 가상세계를 자유자재로 오가며 편리한 환경을 구축하기엔 갈 길이 멀다. 현실에서 글을 쓰거나 그림을 그리거나, 사진, 영상을 찍어 양질의 콘텐츠를 생산하는 것은 그다지 어려운 일이 아니다. 하지만 메타버스 영역은 VR, AR과 같은 3D 기술이 필요하기 때문에 일반 사람이 접근하긴 쉽지 않다.

다만 미래에는 얘기가 달라질 것이다. 메타버스 환경에서 자라난 아이들은 3D 디지털 도구를 마치 레고 블록처럼 다룰 것이고, 부모들이 상상하지 못한 새로운 세상을 만들어갈 것이다. 코로나 사태 이후로 메타버스는 큰 주목을 받고 있다. 친구들을 밖에서 만날 수 없으니 메타버스 공간에서 만난다. 메타버스는 아이들의 놀이 공간이자 대화 창구로 쓰이고 있으며, 학교에 갈 수 없게 되자 가상공간에서 공부하고 여행도 하며 꿈을 키워가고 있다. 심지어 정부에서 아이들의 눈높이 맞춰 게임 속 가상공간에서 국정 행사를 진행하기도 했다.

'메타버스'가 세계적인 트렌드로 떠오르며 현실처럼 가상의 땅을 현금으로 사고파는 '가상 부동산' 거래가 활기를 띠고 있다. 일반 사람들은 이해하기 힘들겠지만 처음 비트코인이 나왔을 때처럼 투자처 목적으로 많은 사람들의 관심을 받고 있다. 비록 가상의 땅이지만 지난해 상용화 당시 가격에 비해 현재는 수천 배까지 올랐다. 가상의 땅을 구매한 이들은 메타버스가 양질의 콘텐츠와 만나 폭발적인 인기를 끌기 전에 미리 가상의 땅을 사놓고 시세 차익을 얻으려는 심리다. 재밌는 건 우리나라 부동산 현실을 반영하듯 가상 부동산 투자도 전 세계 1위에 올랐다. 이 기사를 본 나는 웃어야 할지 울어야 할지 난감했다. 하지만 주의해야 할 점은 누구도 소유권을 보장해줄 수 없기에 위험한 투자처일 수 있다는 것이다.

'메타버스'가 가져올 변화는 실로 엄청날 것이다. 사람들은 메타버스 안에서 많은 시간을 보낼 것이고 플랫폼의 확산과 기술 발전, 관련 투자 증가로 전반적인 사회에 지대한 영향력을 끼칠 것이다. 메타버스는 지금까지 없다가 갑자기 생겨난 개념이 아니다. 과거에도 영화나 공상 만화의 소재로 심심찮게 나왔다. 우리의 상상에서 맴돌다가 이젠 상상이 현실로 바뀌는 과정에 있다. 우리가 예상하는 가상세계의 부작용을 뒤로하고, 우리는 현실과 가상 세계를 자유로이 넘나들며 메타버스로 인해 윤택한 삶을 영위할 것이다.

게임은 새로운 기술과 장비가 개발되면 실험의 도구로 사용돼왔다. 특히 가상세계를 구현하기에는 더할 나위 없는 최적의 환경이다. 게임은 원래 아이들의 상상 속에서 태어났다. 그리고 그 아이들이 자라 또 다른 게임을 탄생시켰다. 그렇게 진화하며 메타버스는 우리 곁에 나타난 것이다.

08

게임은 여러 가지 색을 지니고 있는 종합예술이다

나는 미술 선공자다. '나는 지금 예술가인가?' 나에게 이 물음은, 현재까지도 내 마음 깊은 곳에 자리 잡아 이따금 되물어보게 되는 질문이다. 좋아서 시작한 미술이 먹고살아야 하는 생업이 된 이후론 앞선 물음에 대해 자신 있게 '나는 예술가다.'라고 쉽게 입이 떨어지지 않는다. 하나의 게임 안에는 무수히 많은 디지털 그림들이 존재한다. 사각의 작은 픽셀(Pixel)들이 서로 뒤엉켜 화려하고 멋진 한 장의 그림으로 탄생한다. 게임 아티스트들은 순수화가 못지않은 실력을 자랑한다. 하긴 요즘 유명화가들도 컴퓨터 그래픽을 적극 활용하는 추세다. '빈센트 반 고흐'가 살아 있었다면 물감과 담뱃값을 아끼기 위해 붓보다 타블렛 펜을 선호했을 것이다.

흔히들 자신의 삶을 담아내고 녹여서, 각고의 노력 끝에 구축한 이야기가 예술성으로 발현된다고 생각한다. 반면 상업 예술, 즉 생존을 위한 예술은 자신의 생각을 걷어내고 클라이언트와 소비자의 색깔을 반영해야 한다. 나는 게임 속 그림을 그리다 보면 순전히 상업적 예술을 하리라 다짐하지만 이내 본능에 따라 붓이 움직이곤 했다. 계속 변화하고, 도전하여 성장하고 싶지만 상업 예술에서 이런 발상은 '배고픈 소크라테스'의 생각일 뿐이다. 20여 년 게임 개발을 하는 동안 항상 이 지점에서 딜레마가 왔다. 조직이 큰 대기업일수록 상업 예술은 예쁜 틀에 잘 짜여진 인형을 만드는 것과 같다. 지금도 수많은 '게임 아티스트'들은 이런 숙명적 과제를 안고 개발에 참여하고 있다.

나는 먹고살기 위해 일을 시작했고, 시간이 흐르며 그 일로 인해 딜레마에 빠졌다. 그것은 '오랫동안 하던 일에 대한 본질을 알고 싶었던 건 아닐까?'라는 생각이 든다. 어느 순간 내 청춘을 바친 일에 대해 생존의 수단이 아닌 '일' 자체로서의 의미를 찾고 싶었다.

그림을 시작한 이후로, 나는 배고픈 예술가가 되길 바라지 않았다. 심하게 말하면, 그림은 살기 위한 하나의 방법으로 접근했다. 배고픈 '고흐'의 삶을 경외한 적도 없다. 고흐의 동생 '테오'의 노력으로 죽기 전, 단 한 점의 그림을 팔고 사라진 고흐의 삶은 내가 원하는 삶이 아니다. 하지만 '예술가'로서 '고흐'의 그림 앞에 서면 깊은 상념에 빠지게 된다.

나는 평소 팝 아트의 거장 '앤디 워홀'을 동경해왔다. 독신으로 살면서 하고 싶은 거 다 해보며 현대 미술계에 많은 업적을 남긴 인물이다. 1975년 그의 자서전인 『앤디 워홀의 철학』에서 그는 "돈 버는 것이 최고의 예술"이라 말했다. 그 당시 예술과 상업이 확실히 구분된 사회에서 이런 발상은 저급한 것으로 치부됐으나, 그의 행보는 대중미술과 순수미술의 경계를 작정하고 무너뜨렸다. 그의 작품은 미술뿐만 아니라 영화, 광고, 상품 디자인 등 시각예술의 영역을 확장시키며 미술이 어디까지 영향을 미칠 수 있는지 몸소 보여준 최고의 혁신가다.

그는 이미 대학 졸업 후 뉴욕에서 잡지 삽화나 광고 제작으로 큰 성공을 거뒀다. 돈도 벌만큼 많이 벌고 해서 60년대에 들어서면서, 돌연 기존의 미술을 벗어나 순수 미술을 하기로 결심했다. 그런데 그가 그린 그림은 순수 미술이 아닌 슈퍼맨, 배트맨과 같은 유명 만화 캐릭터였다. 당시 고전적 예술을 추구하던 뉴욕의 화상들은 크게 비웃으며 외면했다. 하지만 그는 오히려 더 본격적으로 생활 용품을 상대로 그간 적용되지 않던 분야에 혼을 불어넣었다. 심지어 실크 스크린을 활용해 대량으로 찍어대기 시작했다. 예술의 고정관념을 깨고 새로운 도전을 시작한 것이다. 앤디 워홀이 그의 스튜디오를 '팩토리'라고 명명한 사실만 봐도 대량생산하려는 의도가 확실했다. 이곳에서 마릴린 먼로, 마오 등 유명인의 실크 스크린 작품들이 대단한 인기를 끌며, 확실한 입지를 다졌다.

앤디 워홀은 돈을 벌기 위해 그림을 그렸다. 아니 제작했다고 하는 것이 옳을 것이다. 예술이 돈을 버는 도구가 되는 것이 저급하다고 생각했던 그 시기에 '돈 버는 예술'이 최고라는 반전 메시지를 사회에 던졌다. 예술이 돈과 만나면 불편했던 그 시기에 그의 그림은 항상 비싼 금액에 팔렸다. 하지만 그가 처음으로 돈 때문에 예술을 한 화가는 아니다. 중세에서부터 근대 미술을 거치며, 수많은 화가들은 돈을 추구했고, 피카소 역시 "예술은 무한한 돈의 흐름이다."라고까지 말했다.

돈과 예술은 인간의 욕망에서 비롯됐다. 둘은 비슷하면서도 결이 다르다. 마치 게임을 하는 아이들이 싫지만, 부모들의 여가를 위해 게임기를 던져 주는 것과 닮았다. 게임이 나쁜 것이라 정의하며 늘 우리 곁에 둔다. 앤디 워홀은 예술과 돈에 관계를 당당하고 숨김없이 들어냈다. 모든 걸 까놓고 돈을 밝히는 예술가가 되기란 쉽지 않다. 그만한 스스로의 확신 없이는 불가능한 일이다.

앤디 워홀의 혁신적 미술 행위가 한 시대를 풍미하고 지나간 현재에도 여전히 예술계에선 돈을 논하면 속물로 취급당한다. 전부는 아닐지라도 예술이 돈을 좇으면 저급한 것으로 취급한다.

나는 규모가 작은 게임에서 수많은 사람들이 동시에 즐길 수 있는 거대한 게임까지 다양한 게임을 만들어봤다. 게임의 규모가 작든 크든 간에 그 속에 들어가는 것들은 대부분 비슷하다. 소형 주택을 짓든, 대형 아파트를 건설하든 기본 구조와 소재가 유사한 것처럼 말이다. 게임은 프로그래밍으로 골격을 짜고 그 위에 예술이라는 외장재가 모양새를 만든다.

게임이 완성에 가까워지는 개발 막바지에는 꼭 신경 써야 할 부분이 있다. 그것은 소리이다. 게임에서 소리의 역할은 우리의 상상 이상이다. 실제로 게임하다 소리를 끄면 재미는 반으로 줄어든다.

나는 스포츠 게임을 5년 넘게 만든 적이 있다. 개발자로서 스포츠 게임을 만들 때 가장 중요시하는 것은 캐릭터의 움직임이다. 게임 캐릭터의 움직임은 '애니메이터(게임내 움직임을 만드는 직군)'가 일일이 손으로 만들거나 '모션캡쳐'를 활용해 좀 더 실제와 가깝게 동작을 표현한다. 또한 움직임에 버금가는 필수 요소는 소리다. 상황에 맞는 동작이 표현됐다면 그것에 소리가 더해져 완벽한 재미를 만든다.

게임에 필요한 소리를 만들려면 대부분 전문 사운드 업체에 의뢰하지만, 일부는 게임 개발자가 직접 만들기도 한다. 우리 개발팀은 스포츠게임에 필요한 관중 소리를 직접 더빙하기로 했다. 학교 운동장을 빌려 백명이 넘는 사원들로 하여금 환호, 야유, 함성 등을 반복해서 시켰다. 어색한 분위기에서 시작된 녹음 작업은 한 시간 동안이나 자연스러운 소리를 얻기 위해 목이 쉬어라 하고 소리 질렀다.

게임을 만드는 일은 이처럼 흥미로운 것들이 참 많다. 움직이는 사람이나 동물을 유심히 관찰하여 게임에 반영하고, 비, 바람, 눈과 같은 자연환경을 표현하고, 우주를 배경으로 한 게임을 구현하는 등 상상 속의 세계를 만드는 것은 참으로 매력적이다. 이곳은 감동적인 스토리가 있고, 미술과 음악을 통해 놀이의 유희를 만끽할 수 있다.

이제 게임은 프로그래밍만의 영역이 아니다. 예술과 팝아트가 만나는 종합적 문화 콘텐츠이자 새로운 플랫폼이 됐다. 게임에서 음악과 미술은 사용자와 소통하는 중요한 매개체로 자리매김했기에 그 자체로 예술 영역으로 인정받는 추세다. 최근 공연계에선 유명 오케스트라가 '게임 OST'를 연주하는 음악 콘서트가 새로운 장르로 부상하고 있다. 코로나19로 인해 사람들이 공연장을 찾을 순 없지만, 게임 OST 연주를 온라인 생중계로 방영하여 게이머들 사이에서 많은 사랑을 받았다.

2000년대 초부터 외국에선 게임 음악을 클래식과 협업하여 연주했다. 클래식의 본고장 독일에선 2003년부터 매년 유명 오케스트라와 연주하는 〈심포닉 게임 음악 콘서트〉가 열린다. 이후에 '뉴욕 필하모닉'도 게임 음악 콘서트를 개최했고, 런던 교향악단도 국내 대작 게임 OST를 제작하기도 했다. 이는 협소한 클래식 시장에서 게임 음악으로 저변 확대를 할 수 있고 게임 업계는 마케팅 효과가 있으니 양쪽 모두 이득인 셈이다.

우리는 알게 모르게 다양한 예술 영역을 접하며 살아간다. 예술의 경계를 구분 짓는 행위 자체가 무의미할 수 있다. 어떻게 보면 예술 그 자체가 인간의 삶이다. 인간의 궁극적 삶의 형태가 예술을 향하고 있는 것이다. 대개 우리가 규정하는 예술은 연극, 회화, 무용, 건축, 문학, 음악, 영화 등 7개로 분류한다. 이제껏 게임은 이것 모두를 가지고 진화해왔다. 따라서 게임을 단편적인 현상으로 이해한다면, 게임의 본질을 왜곡

할 수 있다.

게임은 문화 집약적인 콘텐츠다. 그렇다면 게임은 예술인가? 음악도 예술이고, 미술도 예술이고, 영화도 예술이다. 그런데 이 모든 것을 포함하는 게임은 왜 예술이라 할 수 없는가? 당연히 게임은 인간의 삶에 깊숙이 들어온 상업 예술의 결정판이다. 게임은 음악, 미술, 영상 등 인간에게 심미적 만족감을 충족시킨다. 또한 게임은 감동적인 스토리로 많은 이용자들에게 추억을 심어준다.

인간의 감각은 계속 새로운 것을 추구한다. 기존에 하지 않았던 것과 융합하여 새로운 것을 필요로 한다. 게임은 그동안 새로운 시도의 실험장이 되어왔다. 예술 또한 개척정신과 새로운 도전 없이 위대한 작품을 얻을 수 없다. 그동안 게임은 끊임없이 도전하며 진화해왔다. 게임은 인간의 '오감'을 충족할 만한 요소를 모두 갖추고 있다. 아름다움을 추구하는 예술의 본질과 게임은 너무나도 닮아 있다.

09

21세기형 인재상은 게임이 만든다

아이를 키우는 부모의 입장이라면 누구나 아이의 미래에 대해 염려한다. 나도 두 아이를 둔 부모인지라 '내 아이들이 커서 사회에 진출하면 어떤 일을 하게 될까?', '자기들 앞가림이나 잘하며 살 수 있을까?', '앞으로의 세상은 엄청 바뀐다던데 지금처럼 하면 살아남을 수 있을까?' 이런저런 생각이 많아진다. 서점에 가서 다양한 교육 서적을 들춰봐도 현실적으로 확 와 닿는 내용은 별로 없다. 책이나 인터넷으로 교육 정보를 찾다 보면, '어떻게 미래형 인재로 키울 것인가?', '4차 산업혁명에 필요한 능력은 무엇인가?', '인공지능 시대의 교육은?' 대개 이런 제목의 책들이 주로 눈에 띈다. 대충 훑어보다 마음에 드는 몇 권을 구매하여 읽다 보면 아이들 교육에 필요한 주옥같은 내용들이 넘쳐난다. 나는 이런 책들을 접하면 잠시나마 아이들 교육에 있어 자신감이 불타오른다. 하지만 현실에서의 아이들을 만나면 나의 의지는 금방 시들해지고 만다. 특히 아빠인 나로선 아이들 교육에 있어서 막막한 기분마저 든다.

오전에 커피숍에 가면 동네 엄마들이 앉자마자 누가 먼저라고 할 것 없이 수다떠는 모습을 쉽게 볼 수 있다. 단연 엄마들의 최고 관심사인 자녀 교육에 대해 대화를 나눈다. '어느 학원이 좋다더라, 요즘 필요한 책을 추천하는가 하면, 어떤 과외를 받아야 한다'는 등 아이를 키우는 부모라면 귀가 솔깃한 정보를 주고받는다. 엄마들의 이야기를 엿듣다 보면, 내 아이들이 교육 정보에 뒤처지진 않을까 하고 걱정되기도 한다. 이런 와중에 나는 습관적으로 아이들에게 내가 배웠던 공부 방법으로 학습하게 하곤 한다. '우리 아이들이 나 때 배우던 방식으로 공부한다고 미래의 인재가 될 수 있을까?' 하는 의문이 생긴다. 과연 아이들이 21세기형 인재가 되려면 어떻게, 어떤 교육을 받아야 할지 부모들은 갈팡질팡하게 되는 것이다.

미래 사회가 요구하는 인재는 어떤 유형의 사람일까? 앞으로 일자리가 사라지는 급변하는 사회에서 부모 세대의 성공 공식이 더 이상 아이들에게 먹히지 않을 것이다. 출신 대학이나 전문 자격증도 미래에는 안 통한다. 최근엔 안정된 일자리 개념은 사라지고 전문 직종도 위험하다고 한다. 기술직으로 전향하려 해도 제조업 위기는 더욱 만만찮다. 하다못해 편의점 알바라도 한다 치면 미래엔 무인 계산기가 인간을 대신한다고 하니, 부모들의 불안감이 커지는 것이다. 그럼에도 변화에 둔감한 우리 사회의 교육 현실은 혼란과 우려의 대상이 되는 건 당연한 결과가 아닌가.

요즘 사람들은 미래의 인재상으로 빌 게이츠, 아인슈타인, 스티브 잡스, 에디슨, 워런 버핏, 월트 디즈니, 마크 저커버그 등 다수의 뛰어난 인물들이 떠오를 것이다. 이들의 공통점은 창의적인 발상으로 혁신적인 결과를 이끌어냈다는 것이다. 그렇다고 이들이 무에서 유를 창조하진 않았다. 정말 세상에는 새로운 것이 없기에 기존의 아이디어를 확장하거나 결합하여 만든 것이 혁신적인 물건이다. 예컨대 처음 선보인 신제품도 사실상 기존에 있던 기술을 독특한 방식으로 결합하여 개발한 것이다. 이것이 창의적 혁신이다. 따라서 21세기에 가장 중요한 것은 창의력에 의한 혁신적 결과물을 뽑아내는 것이다.

우리나라에서 대개 창의력의 개념은 과학적인 발견 또는 발명의 결과물로 여기는 경향이 있다. 증기기관차, 자동차, 컴퓨터와 같은 기존에 존재하지 않았던 발명품에 국한되어 생각한다. 그러나 외국에서는 창의력을 주로 예술적 영역으로 인식하는 사람들이 많다. 글을 쓰거나 그림을 그리고, 춤을 추고, 노래를 부르는 것으로 여긴다. 또한 요즘 유행하는 '크리에이터'라는 직군도 예술의 분야가 주류를 이룬다. 게다가 종합 예술인 영화, 게임, 인터넷 방송 등은 혁신적인 분야로 인식되고 있다.

2013년 재선에 성공한 미국의 버락 오바마 전 대통령은 창의적 교육에서 게임이 차지하는 역할을 강조했다. 그가 말하길 "현재 아이들은 컴퓨터, 인터넷과 같은 미디어 매체에 매료돼 있다. 그들은 단순히 콘텐츠를 소모하는 것이 아니라 컴퓨터를 이용해 실제로 뭔가 만드는 방법을 알려줘야 한다"고 말했다. 또한 학생들의 정규 교육 과정에 컴퓨터 프로그래밍을 배울 수 있는 '코딩 교육'을 도입하겠다고 언급했다. 이는 정규 교육에서 자신의 게임을 디자인할 수 있는 기회를 제공하여 미래의 인재 양성을 도모하겠다는 것이다. 물론 이 과정에서 꼭 필요한 수학, 과학적 지식, 그래픽 아트에 대한 능력 또한 겸비해야 한다고 했다. 이런 이유로 몇 년 전부터 우리나라에서도 '코딩 교육'의 열풍이 불고 있다.

버락 오바마 대통령은 〈파퓰러 사이언스(Popular Science)〉지와의 인터뷰에서 "너드(Nerd)의 세상이 지배할 것이다."라고 말했다. 너드(Nerd)라 함은 한 가지 분야에 깊이 빠진 사람을 칭하는 '괴짜' 정도로 풀이된다. 일본에선 '오타쿠'라 하며, 우리나라에선 대개 '덕후'란 단어로 통한다. 명칭이야 어찌됐던 '덕후'의 성향이 미래의 인재, 즉 혁신의 키워드로 인식되어진 것이다.

덕후 기질의 특징은 한 분야에 남다른 열정과 흥미를 가지고 매진한다는 것이다. 일반 사람들에 비해 훨씬 강한 욕구를 발산하여 몰입한다. 한 곳을 지속적으로 탐구하여 그 분야에서 누구도 범접하기 힘든 경지에 오른다. 자신이 선택한 분야에 필요한 모든 정보를 섭렵하고 그에 따른 기존의 지식을 총동원하여 최상의 결과로 이끌어낸다.

우리는 그들의 외모나 패션을 봐도 쉽게 덕후라는 것을 알아차릴 수 있다. 과거 우리나라는 덕후의 이미지를 부정적인 시선으로 봐왔다. 하지만 서양에서의 너드(Nerd)는 건강한 중독을 가진 마니아로서 인식되어왔다. 하지만 현재에 와서 우리나라도 서양의 너드(Nerd)처럼 덕후의 이미지가 상당 부분 긍정적인 의미로 바뀌었다.

성공한 덕후의 대표적 인물을 꼽자면 '페이스북'의 창업자 '마크 저커버그'를 들 수 있다. 그는 이미 30대 젊은 나이에 세계 최고 부자 10위 안에 들 정도로 전 세계 IT 산업에 막대한 영향력을 떨치고 있는 기업인이다. 그는 어릴 적부터 컴퓨터 프로그래밍에 관심이 깊었으며, 중학교 시절부터 본격적으로 프로그래밍에 뛰어들었다. 그 당시 이미 여러 가지의 게임과 유틸리티 프로그램을 개발할 정도로 소질이 뛰어났다. 내성적인 성격인 그는 대학 시절 프로그래밍에 빠져 페이스북 초기의 형태라고 할 수 있는 '페이스매쉬'를 완성했다. 그는 자신이 원하는 분야에 엄청난 몰입으로 IT 업계의 새로운 역사를 썼던 것이다.

그는 스티브 잡스처럼 독특한 패션 스타일이 유명한데, 항상 회색 티셔츠나 후드티를 입는 경우가 많았다. 왜 같은 옷만 입느냐는 질문에 "세상을 더 낫게 만드는 고민 이외의 다른 결정은 최소한으로 하고 싶다."라고 말했다. 이 때문에 상원 청문회에서 정장을 입고 나온 것이 도리어 화제가 되기도 했다.

게임 개발자 출신 중에도 덕후 기질로 성공한 유명인사가 있다. 3D 게임 프로그래밍 기술의 원조라 불리는 '존 카맥(John D. Carmack)'이다. 그는 1인칭 슈팅 게임(FPS) 장르에 최적화된 3D 렌더링과 네트워크를 혁신적으로 개발했다. 그는 한때 PC 게임 분야에 스타 개발자이자 3D 게임 프로그래밍 기술의 '대가'로 추앙받기도 했다. 초기 PC 시장에서 지대한 영향을 끼친 인물 중 한 명이다.

'존 카맥'은 대단한 집중력의 소유자였다. 그가 창업한 초창기 시절 프로그래밍에 심취하여 화장실 외에는 컴퓨터 앞에서 한시도 떠나지 않고 개발했다. 그 자리에서 먹고 자고를 반복하며 몇 날 며칠을 보냈다고 한다. 그는 무엇에 한번 빠지면 끝장을 보는 기질을 가지고 있었다. 어린 시절에는 애플 컴퓨터에 빠져 그것을 훔치려다 소년원을 1년 간 적도 있다. 이렇듯 '덕후'의 기질을 보이는 사람들은 자신의 색깔이 아주 강하며, 원하는 바에 남다른 집중력을 보인다. 한곳을 바라보기 시작하면 그곳의 정체를 반드시 알아내야 직성이 풀리는 것이다.

나는 부모 입장에서 우리 아이들이 앞선 성공자와 같이 살길 원하지 않는다. 왜냐하면 그들은 성공 신화가 없었다면 자칫 사회의 부적응자가 될 가능성이 높기 때문이다. 대부분의 부모들은 아이들이 순탄한 인생을 살길 원한다. 평범한 직장인으로 사랑하는 사람과 결혼하여 행복한 가정을 꾸리며 살길 바란다. 하지만 앞으로의 세상에서 꼭 필요한 기질이 있다. 그것은 덕후들이 보여준 '극한의 몰입'이다. 스스로의 선택으로 외부와 차단하여 자신만의 세계에 빠져드는 것이 필요하다.

일반적인 삶의 접근으로는 미래에 살아남기 힘들다. 그렇다면 극한의 몰입은 어떻게 만들어지는 걸까? 우리 아이들은 어떻게 진정 원하는 것을 스스로 찾아 몰입할 수 있을까? 그것은 부모의 역할이 크다고 생각한다. 특히 영유아기를 거쳐 청소년 시기까지 부모가 어떻게 돌보느냐에 따라 아이는 너무도 다르게 큰다. 나는 뛰어난 강사나 학원이 아이의 미래를 결정하는 것이 아니라, 부모의 올바른 관심이 내 아이들의 인생에 주된 영향을 준다고 생각한다.

우선 내 아이가 부모를 편안한 대화 상대자로 여겨야 한다. 그러기 위해선 내 아이의 주변에 있는 사소한 것을 기억해서 친해져야 한다. 단지 용돈이나 선물로 가까워지려 하면 아이는 공허감을 느끼고 진정한 교감을 할 수 없다. 요즘 친구 관계가 어떤지, 어떤 관심사가 있는지, 고민은 무엇인지와 같은 부모의 관심으로 가족을 든든한 버팀목으로 여기고 앞으로 닥칠 두려움에 도전할 힘을 얻게 되는 것이다.

요즘 부모들은 아이들을 편하게만 대해주고, 모든 일을 직접 해결해주려 하는 경향이 있다. 우리 아이를 절대 고생시키지 않겠다는 생각은 아이들의 자생력에 저해 요인이 된다. 아이들이 스스로 해결하면서 고통을 맛보고 인내하는 과정에서 얻어진 값진 성취감이 아이들을 진정으로 성장시킨다. 앞서 언급한 성공한 덕후들 역시 삶의 시련과 고난을 이겨내는 과정에서 대단한 성과를 얻어냈다.

시대에 따라 사회가 원하는 인재상은 변화해왔다. 1차 산업을 시작으로 앞선 4차 산업 시대를 마주한 현 시점에서 게임은 핵심 미래 산업이다. 현재 세계를 대표하는 인재들은 IT와 게임 분야에서 많이 나왔다. 이들의 공통점은 창의적 발상으로 혁신적인 결과물을 만들어냈다는 것이다. 또한 끊임없는 호기심과 상상력으로 깊은 몰입감을 보여줬다.

게임에는 아이들이 스스로 빠져들어 몰입하게 만드는 매력이 있다. 그것은 미래 유망 산업과도 맞아떨어진다. 그것에는 코딩, AI, 디자인, 예술 등과 같은 미래의 인재들이 만들어야 할 소품들로 가득하다.

3장

게임을 즐기는 아이는 공부 방식이 다르다

01

게임을 즐기는 아이는 공부 방식이 다르다

자식을 키우는 부모라면 '도대체 게임이랑 공부가 무슨 상관이야?'라고 한 번쯤 생각했을 것이다. 학부모들은 게임을 하면 집중력이 떨어지고 성적 향상에 도움이 되지 않을 거라 생각한다. 그러나 이런 부모 역시 어릴 적 오락실에 흠뻑 빠져 있던 코흘리개가 지금은 학부모가 된 것이다. 70~80년대에 유년기를 보낸 부모들은 오락실이나 가정용 게임기를 통해 게임을 접한 세대이다. 나 역시 그 시대에 속하는 부모 세대다. 그때는 학교 근처에 있는 오락실에 선생님이 불시에 단속을 나와 무지막지한 체벌을 가했던 시절이었다. 이로 인해 지금의 학부모들에게는 게임은 '나쁜 것'이라는 인식을 심기에 충분했다. 하지만 요즘 부모들 또한 핸드폰으로 게임을 즐기면서 아이들에게 '하면 안 돼.'라고 이야기하는 것은 유년 시절의 그런 기억 때문일 것이다.

현재를 살아가는 아이들은 핸드폰이나 노트북 같은 간단한 기기 하나만 있으면 언제 어디서나 원하는 정보를 얻을 수 있는 디지털 네트워크 시대에 살고 있다. 이런 정보화 사회에서 아이들에게 게임을 못 하게 통제할 수 있다고 생각하는 건 구시대적인 발상이다.

내 첫째 아이, 지율이는 스마트폰 게임에 죽고 못 사는 초등학교 5학년이다. 지율이가 여섯 살쯤 되었던 거로 기억한다. 당시 아이는 한글과 숫자도 배우기 전인데도 불구하고 '부루마블' 게임을 같이 하자고 했다. 유치원에서 한글을 먼저 깨친 같은 반 친구가 '부루마블' 게임을 가지고 와서 자랑을 한 모양이다.

나는 주말이 되면 휴식이 필요했다. 특히 토요일 아침은 주중의 업무 피로와 금요일 밤 잦은 회식 자리로 인해 아침 일찍 일어나는 것이 쉽지 않았다. 아내도 둘째 아이가 갓 돌이 지난 때라 몸 상태가 좋지 않았다. 주말에는 오로지 내가 첫째 아이를 도맡아서 돌봐야 했다. 아이의 팔에 이끌려 거실에 나오니 아이는 벌써 게임을 위한 준비를 해놓았다. '부루마블' 게임은 다양한 경제 개념을 배울 수 있는 보드게임이다. 게임에 대해 간단히 설명하면, 주사위를 굴려 나온 수만큼 세계 유명지를 여행하는 방식으로 돈을 가지고 각국의 땅을 사서 그곳에 건물을 지으며 돈을 버는 게임이다. 이렇게 돈과 땅을 불리다 보면 부자가 되기도 하고, 파산에 이르기도 한다. 아마 웬만한 어른들도 어릴 적에 해본 기억이 있을 것이다.

당시 여섯 살밖에 되지 않은 지율이는 게임의 규칙도 잘 모르고, 아직 한글과 숫자도 잘 모르니 돈과 땅문서가 엉망으로 배치되어 있었다. 하지만 지율이는 아빠랑 주사위도 던지고, 돈을 서로 주고받고 하는 행위에 너무나도 즐거워했다. 게임을 한 판 하는 데 1시간 정도 소요되는데도 지루해하지 않았다. 게임을 진행하다 보면 여러 나라의 명칭과 나라별 수도를 알게 될 뿐만 아니라 반복적으로 돈을 거래하다 보니 자연스럽게 숫자 개념을 배우게 됐다. 그런 이유에서인지 첫째 아이는 또래에 비해 한글과 숫자를 빨리 깨쳤다.

지금은 고학년이 된 첫째 아이는 가끔 이 게임을 하자며 지난 추억을 떠올린다. 최근에 학부모들은 자녀에게 일찍이 경제 개념을 심어주기 위해 '부루마블' 게임을 경제 학습 수단으로 활용하기도 한다.

왜 게임은 재미있는데 공부는 지루할까? 그 이유는 딱히 관심이 없고 추상적인 공부를 반복적으로 하기 때문이다. 공부는 배우기 싫은 정보를 달달 암기해야 하고 열심히 해도 바로 효과가 나타나지 않는다. 그리고 자신의 실력이 어디까지인지 알 수가 없으니 지루한 감정이 생기기 마련이다.

사람들은 무언가를 스스로 할 때 재미를 느낀다. 재미로 하는 취미가 직업이 되면, 억지로 하게 되어 흥미를 잃어버리게 되듯이 아이가 공부를 하려고 책상에 앉았는데 공부해라 하고 잔소리하면 의욕이 떨어지는 것이다. 어떠한 행위를 할 때 자신이 결정하는 게 아니라 타인에 의해 결정이 되면 의지를 잃어버리게 된다. 아이들은 강제적으로 해야 하는 것에 흥미를 잃기 때문에 무언가 배워야 한다는 것 자체가 자발성이 생겨야 한다. 게임을 이용한 교육이 목적을 달성하려면 배우고자 하는 의지의 선택권이 열려 있을 때 비로소 공부가 재미있어진다. 지율이의 경우에도 자발적으로 재미있게 게임을 했으므로 한글과 숫자를 익힐 수 있었던 것이다.

세계적인 비즈니스 컨설턴트, 연설가, 베스트셀러 작가인 브라이언 트레이시(Brian Tracy)는 "목표 없이 성공하려는 것은 과녁 없이 명중하려는 것과 같다."라고 말했다. 이 말은 성공하려면 명확한 목표가 있어야 한다는 말이다. 이는 하버드 출신 에드윈 로크(Edwin A. Locke)가 연구한 '목표 설정 이론(Goal setting theory)'과도 일맥상통한다. 자신이 의식적으로 설정한 목표가 내가 얼마나 동기를 가지고 행동하는가에 직접적으로 영향을 준다는 이론이다. 내용을 들여다보면 첫째, 목표는 구체적이야 효과가 좋다. 둘째, 성취 가능한 범위 내에서 조금 더 어렵게 설정하는 것이 좋다. 셋째, 타인과 경쟁을 하거나 협업을 하는 것이 동기부여를 높이는 데 도움이 된다.

한국에서 오랫동안 사랑받는 RPG게임을 하다 보면 '목표 설정 이론'의 요소를 모두 갖추고 있다. 우선 사용자가 게임을 시작하면 상세한 퀘스트가 주어지고, 적절한 난이도의 퀘스트를 줘서 몰입하게 한다. 또 사용자 간의 경쟁과 협업을 통해 어려운 퀘스트를 해결한다.

만약 아이들의 시험 준비를 하나의 게임 퀘스트라고 가정하자. 우선 상세한 학습계획표를 짜서, 풀 수 있는 문제를 순차적으로 해결하면서 공부에 몰입한다. 그리고 그룹 스터디로 어려운 문제를 해결한다. 이처럼 게임적인 방식으로 공부에 대입해볼 수 있다. 무엇보다 중요한 건 게임처럼 성과를 내려면 공부에 재미를 느껴서 '몰입'을 해야 하는 것이다. 목표 설정 이론, RPG게임, 학과시험 이 세 가지의 공통점에서 교육의 새로운 방안을 찾을 수 있을 것이다.

초등학생들은 수업이 끝난 뒤 각종 학원에 다니며 가장 많은 시간을 보낸다. 아이들은 공부 때문에 스트레스를 받으면서도 공부가 행복의 비결이라 생각한다. 부모의 기대를 저버리면 불행해질 거라 믿기 때문이다. 우리나라는 OECD 국가 중 학업 스트레스가 가장 높은 편에 속하며, 학생의 수면시간 역시 턱없이 부족하다.

지율이는 1년 넘게 아침에 일어나면 제일 먼저 컴퓨터를 켠다. 평일 아침마다 등교하지 않고 집에서 컴퓨터를 이용해 비대면 수업을 한다. 아침에 눈을 뜨면 고양이 세수를 하고 아침밥도 거른 채 컴퓨터 책상에 앉는다. 매일 3시간 정도 수업을 하고 12시쯤 아침 겸 점심 식사를 하고는 짧은 휴식을 취한다. 그 이후론 여러 학원을 뺑뺑이 돈다. 수학, 영어, 역사 토론, 독서평설, 과학 실험, 태권도, 피아노 등 일일이 세기도 힘들다. 이제는 체력이 부족한지 농구학원도 가고 싶다고 한다.

주중에 며칠은 저녁 10시가 돼서야 집에 오면 안쓰러운 마음이 든다. 그렇다고 우리 부부가 학구열이 높아서도 아니다. 맞벌이를 하다 보니 둘째 아이가 유치원에 가면, 첫째 아이는 학원에 의존할 수밖에 없다. 여느 맞벌이 부부들의 현실일 것이다.

지율이는 주말이 되면 사촌 형과 '브롤스타즈'라는 게임을 한다. 평소 이 시간을 가장 많이 기다린다. 평일에 쌓였던 학업 스트레스를 사촌형과 게임을 하며 푸는 것이다. 옆에서 보고 있으면 가관이다. 핸드폰을 옆에 놓고 통화하면서 태블릿PC로 게임을 한다. 시작하기 전에 서로 전략을 세우고 이기기 위한 각종 공략법을 상의한다. 게임이 시작되면 괴성을 지르고 '까르르' 웃으며 즐거워한다. 특히 이겼을 때 사촌 형과 승리를 만끽하며 좋아한다. 둘째 아이도 덩달아 신이 나서 '꽥꽥' 소리를 지른다. 언젠가는 아래층에서 시끄럽다고 전화가 와 싸울 뻔한 적도 있다. 나도 이 게임을 해봐서 아이들의 심정을 잘 알고 있다.

이겼을 때의 쾌감은 아이들에게 엄청난 심리적 보상을 안겨준다. 심리적 보상뿐만 아니라 게임 내에서 아이템과 게임머니를 주기 때문에 다른 친구들에게 자랑거리가 된다. 아이는 평소 쌓여 있던 스트레스도 풀고 지인과의 협력 플레이를 통해 승리의 쾌감을 2배로 느낄 수 있기에 아낌없이 시간을 투자하는 것이다.

대부분의 공부는 열심히 했을 때 즉각적으로 보상을 주지 않는다. 게임은 재미를 통한 몰입된 플레이로 정해진 목표에 상응하는 보상을 줌으로써 아이들이 열광하는 것이다. 그렇다고 해서 아이에게 전적으로 게임에 몰두하도록 내버려둬선 안 된다. 부모는 시간 관리를 통해 너무 빠지지 않도록 조절하는 것이 필요하다. 내가 주말마다 내 아이에게 게임 활동 시간을 주는 것은, 아이 입장에선 가장 큰 보상이다. 대부분 아이들은 공부하려 마음을 먹으면 먼저 계획표를 짠다. 처음엔 누구나 열심히 노력해보지만, 정작 계획대로 잘 안 되면 '작심삼일'이 되는 경우가 허다하다.

게임엔 자세한 목표를 설정할 수 있고 이것을 하나씩 해결할 때마다 즉각 보상을 준다. 공부에 대한 계획을 세울 때에도 아이들은 보다 구체적인 목표를 설정하고, 이에 따른 적당한 보상을 준다면 공부에 대한 동기 부여와 재미까지 얻을 수 있을 것이다. 승리했을 때만 게임의 재미를 느끼는 것이 아니라, 목표를 향해 도달하면서 일어나는 여러 과정에서 즐거움을 찾는 것이다. 일례로 내가 등산하는 이유는 정상에 오른 후 만끽하는 희열도 있지만, 오르는 과정에서 보는 계절마다 펼쳐지는 아름다운 풍경, 작은 풀꽃들, 스쳐 지나가는 사람들의 이야기, 땀을 식혀주는 시원한 바람 등 모든 것이 산을 찾게 만드는 보상인 것이다. 아이들이 스스로 정한 목표를 달성했을 때 적절한 보상을 줌으로써 공부의 스트레스도 줄이며, 재미와 즐거움을 찾을 수 있을 것이다.

과연 '게임을 즐기는 아이들이 공부하는 방식이 다를까?' 이 질문은 달리 생각해보면 '게임을 즐기면서 공부를 잘할 수 있을까?'라는 질문과 같다고 볼 수 있다. 앞서 말한 바와 같이 게임에는 자발성, 목표, 보상 세 가지의 구조를 갖추고 있다. 모든 상업적 게임은 이 구조를 벗어날 수 없다. 서점에 가면 공부법에 관한 책들이 넘쳐난다. 하지만 이런 책들을 들여다보면 공부를 잘하게 하는 특별한 비법은 없다. 스스로 구체적인 목표를 세우고, 그것을 달성함으로써 성취감을 느끼게 된다면 공부의 재미가 붙는 것이다. 그리고 공부가 재밌어지는 순간, 몰입하게 되고 자발성, 목표, 보상의 3단계 과정이 선순환적으로 반복하게 된다. 그로 인해 자연스럽게 공부를 잘하게 되는 것이다.

02

게임의 본질을 알면 공부가 보인다

게임을 오랫동안 즐겨온 사람이라면, 혹은 게임을 오랫동안 즐기는 아이를 지켜본 부모라면 '게임의 본질'에 대해 한 번쯤은 생각했을 것이다. 다만 게임을 바라보는 시각에 따라 해석할 여지가 다양하기에 사람들이 생각하는 게임의 본질은 제각각일 수 있다. 때때로 나 역시 게임 개발자로서 진지하게 고민했던 주제이기도 하다. 누군가는 '그냥 게임을 즐기면 그만이지 게임의 본질을 알아서 무슨 소용이야.'라고 생각할 수 있지만, 이 질문을 시작으로 공부와 어떤 연결고리가 있는지 유추해볼 수 있다.

게임의 본질은 무엇일까? 내가 생각하는 게임의 본질은 게임을 자발적으로 즐기면서 느끼는 모든 재미이다. 게임 속 세상에서 차도 타고, 총도

쏘고, 새처럼 날아다니는 등 현실에서 불가능한 것을 가상의 공간에서 가짜 행동을 하며 기쁨을 느낀다. 요즘은 기술의 발전으로 사실적인 그래픽, 심장을 울리는 사운드, 빠져들게 만드는 스토리 등 다양한 요소에 의해 감동과 재미를 더한다.

이전의 아날로그식 놀이에서 현재 디지털 놀이의 가장 큰 차이점은 사람들이 가짜 세상에서 재미를 찾게 됐다는 것이다. 앞으로의 사람들은 '0 10101…'의 기계언어로 만들어진 가상공간에서 많은 시간을 보내게 될 것이다. 내가 언젠가 보았던 영화 〈매트릭스〉의 결말에서, 우리가 믿고 살아온 세상은 모두 기계언어로 만들어진 가짜라는 사실에 신선한 충격을 받은 적이 있다. 미래의 학습자는 가짜로 만든 가짜공간에서 새로운 방식을 통해 지식을 습득할 것이다.

어릴 적 명절 연휴가 되면 나를 가장 기대하게 만드는 것이 있었다. TV에서 방영하던 만화영화였다. 이른 아침 신문이 배달되면 제일 먼저 TV 편성표에 나와 있는 만화영화 시간대를 확인했다. 연휴 기간에는 매일 아침 10시가 되면 또래 동네 친구들과 TV가 가장 큰 친구네 집에서 삼삼오오 모여서 시청을 하곤 했다.

그런 이유에서인지 사회생활 초기부터 애니메이션 제작 회사에 다녔다. 2000년대 초반까지만 해도 한국 애니메이션 시장은 호황이었으나, 극장판 애니메이션의 연이은 실패로 애니메이션업계는 몰락하기 시작했다. 내가 다니던 회사도 경영난을 겪으며 인원 감축을 해야 했고 그로 인해 더 이상 회사를 다닐 수 없었다. 반면 빠른 인터넷망의 보급으로 게임 업계가 블루칩으로 떠오르고 있었다. 나는 애니메이션 분야에서 터득한 기술로 자연스럽게 게임 업계로 흘러 들어갔다.

결혼 초기에 퇴근하고 집에 오면 나는 주로 게임을 했다. 당시 아이가 태어나기 전이라 시간적 여유가 있었다. 결혼 전 연애를 할 때도 게임에 빠져 있는 나로 인해 싸움이 잦았다. "아니, 오빠는 어떻게 종일 게임을 만들다가 집까지 와서 게임을 할 수가 있어?" 평소 게임을 하면 아내에게 자주 듣던 말이다. 그러니 아내는 결혼한 후에도 집에서 게임하는 내 모습을 보면 마음속에서 천불이 났을 것이다.

어느 날 한참 게임에 집중하여 팀의 승리를 목전에 둔 결정적 순간, 모니터 화면이 꺼져버렸다. 아내가 컴퓨터의 전원 플러그를 뽑아버린 것이다. 순간 너무 화가 나 키보드를 던져버리고 밖으로 나갔다. 나중에 첫째 아이가 태어나면서 나의 게임 생활은 막을 내렸다. 돌이켜보면 참 한심했지만 조금은 그리운 시절이다.

그 당시 빠져 있던 게임은 블리자드사의 '워크래프트'라는 게임이다. 출시 초기부터 나는 줄곧 이 게임의 마니아로 즐겼다. 아마도 그동안 플레이 시간을 합치면 족히 수천 시간은 될 것이다. 이 게임을 하다 보면, 우선 화려한 그래픽과 웅장한 사운드에 압도당한다. 그리고 게임을 진행할수록 탄탄한 스토리로 인해 깊이 빠질 수밖에 없다. 이 게임을 제작한

블리자드는 국내에서 최고 인기 게임이었던 스타크래프트를 제작한 회사이다.

이 회사는 막대한 자본을 투자하여 세계 최고의 개발자를 데려와 최고의 게임을 만든다. 음악이 필요하면 100명이 훌쩍 넘는 규모의 오케스트라와 배경 음악을 제작하며, 실력이 알려진 개발자라면 최상의 조건을 제시하여 회사의 일원으로 만든다. 그만큼 재미있는 게임을 만들고자 하는 열정이 대단하다.

게임 속 나는 불멸의 영웅이 되어 수많은 캐릭터들과 모험을 즐겼다. 게임의 스토리를 좇다 보면 한편의 서사시를 보는 듯하다. 개발자의 인문학적 수준과 여러 방면의 해박한 지적 수준을 가늠케 한다. 수많은 등장인물, 종족, 지역 등 전체적인 세계관이 게임하며 자연스럽게 익혀지고, 다음에 펼쳐질 이야기를 상상하게 만든다.

게임은 억지스러운 재미를 추구하지 않는다. 개그맨이 억지로 웃길 수 없듯이 게임은 억지스러운 재미로 대중을 사로잡을 수 없다. 공부도 억지로 해서는 잘할 수 없다. 억지로 했을 때 잠깐의 실력 향상을 기대해 볼 수 있으나, 훗날 탈이 나기 마련이다.

오늘날 과학기술은 게임 속 영웅이 실제의 '나'로 변신할 수 있는 마법을 터득했다. 가상현실(VR), 홀로그램과 같은 최첨단 기술은 가짜 세상 속에 존재하는 나에게, 재밌게 공부할 수 있는 무대를 만들어줄 것이다. 이젠 자연스레 빠져드는 재미로 공부하는 시대가 다가왔다.

세계적으로 어른, 아이 할 것 없이 엄청 사랑받은 '슈퍼셀'의 '클래시오브클랜'이란 모바일게임이 있다. 지금은 예전 명성에는 못 미치지만 여전히 인기 있는 게임이다. 2012년에 출시하여 지하철이나 버스에서 이 게임의 광고를 쉽게 접할 수 있었다. 자신만의 마을을 꾸미며 자원을 생산하고, 생산한 자원으로 건물을 짓고, 마을을 요새화하는 게임이다. 그리고 다른 사람들의 마을을 공격하여 얻은 자원으로 더욱더 자신의 요새를 강력하게 만들어가는 전략게임이다.

나와 첫째 아이, 지율이는 한동안 이 게임에 빠져서 많은 시간을 같이 보냈다. 마을을 더 단단하게 만들기 위해 서로 머리를 맞대고 전략을 세웠고, 자신만의 공략법을 연구하여 다른 사람들의 마을을 공격하며 신나게 즐겼다. 이 게임은 타 게임과 달리 계속 매달려서 플레이하기보단 틈틈이 비는 시간을 활용해야 하는 것이 특징이다. 약탈한 자원을 가지고 자신의 마을을 감싸고 있는 벽을 튼튼히 하고, 대포와 건물을 강력하게 업그레이드해야 타인의 공격으로부터 피해를 최소화할 수 있다.

마치 바둑이나 체스같이 고도의 전략이 필요한 게임이다. 이 게임은 아이의 자율성을 길러줬고, 소신 있는 플레이로 인해 자존감을 높여줬다. 자신만의 세상을 조작할 수 있다는 자유를 느끼면서, 스스로를 통제하는 힘을 키우는 데 도움이 됐다. 이렇듯 자연스럽게 높아진 자존감은 주도적으로 행동하는 것에 의미를 부여해서 의욕적인 생활 태도를 취하게 만든다. 이 게임을 만든 '슈퍼셀' 역시 자신들만의 철학을 가지고 수많은 실패를 거듭한 끝에 획기적인 작품을 선보일 수 있었던 것이다. 한창 인기가 있었을 땐 한 해 매출이 3조에 가까운 천문학적인 수익을 올렸다.

나는 슈퍼셀의 CEO인 '일카 파나넨(Paananen Ilkka)'가 어느 인터뷰에서 했던 말이 기억에 남는다.

"훌륭한 실적을 거둔 것에 자랑스럽게 생각한다. 하지만 우리에게 더 중요한 건 사람을 가장 중시하는 비전을 그대로 유지하면서 여기까지 올 수 있었다는 것이다."

"최고의 인재를 모으고 그들에게 최선의 환경을 제공하고, 충분한 시간, 그리고 약간의 운이 있다면 훌륭한 게임들은 결과물로 따라온다고 믿고 있다."

그는 또 "최고가 되기 위한 열정을 바탕으로 성공을 이끌어낸 직원들이 너무 자랑스럽다. 그들은 스스로 엄청나게 높은 기준을 설정해 적용하면서, 최고의 게임을 만들길 원하는 이들이다. 이 같은 사람들과 함께 일한다는 것은 나에겐 엄청난 행운이다."라고 덧붙였다.

나는 게임 업계에 몸담고 있을 때 줄곧 이 회사를 동경해왔다. 핀란드 헬싱키에 위치한 슈퍼셀은 북유럽 기업문화에 걸맞게 창의적 인재를 발굴해냈다. 실패에 굴하지 않는 불굴의 투지로 꾸준히 도전한 결과, 세계 시장을 석권한 것이다.

실패하지 않는 것은 모험하지 않는 것이다. 모험을 두려워하는 게임은 결코 성공할 수 없다. 물론 실패라는 것은 썩 즐거운 일이 아니지만, 이를 통해 얻어낸 교훈은 성공한 게임을 만들어낼 수 있는 원동력이다. 그래서 게임이 실패할 때마다 이 회사는 샴페인 파티를 열어주곤 했다. 동료들이 서로 무엇이 잘됐고, 잘못됐는지에 대해 이야기할 수 있는 자리를 마련한 것이다. 이런 환경 속에서 창의적이며 기발한 아이디어가 샘솟는 것이다.

게임의 본질은 자발적 동기로 참여하여 재미를 추구하는 것이다. 그 재미를 통해 배울 수 있는 것도 정말 많다. 딱딱하고 재미없는 글자만 잔뜩 있는 책 한 권보다 훨씬 더 많은 것을 배울 수도 있다. 기존의 '게임'이란, 한정된 장소에서 눈치를 보고 즐겨야 하는 놀이였다. 그러나 이젠 누구나 손쉽게 즐길 수 있는 디지털 놀이로 바뀌었다.

또한 과학 기술의 발전으로 이전보다 훨씬 더 자연스럽게 게임에 몰입할 수 있다. 이런 속성을 잘만 활용한다면, 게임은 훌륭한 학습 도구가 될 수 있다. 하지만 아무리 우수한 학습 도구도 실제 학습에 도움이 되지 못한다면 무용지물이 된다. 이 시점에서 우리에게 필요한 것은 '어떻게 교육용 게임 콘텐츠를 현실 교육에 적용할 것인가'이다.

03

게임의 쾌감이 공부를 계속하게 만든다

대부분의 자녀를 둔 부모들의 가장 큰 고민거리 중에 하나가 게임이다. 특히 남자아이를 키우는 부모라면 더할 것이다. “누구네 집 아이는 알아서 척척 공부를 잘하는데 내 아이는 게임에 빠져서 공부를 안 한다”는 부모들이 많을 것이다. 일단 여기서 인정해야 하는 건 게임을 막는다고 아이들이 안 하는 것이 아니라는 것이다. 아이를 억압하여 핸드폰을 뺏으면 친구에게 빌려서 할 것이고 겉으론 안 하는 척하지만 뒤로 게임을 할 것이다. 아이들에게 게임은 기본적 욕구이자 본능에 가깝다. 더욱이 남자아이라면, 게임을 모르면 친구들과 어울리기도 쉽지 않다.

예부터 인간은 수렵 채집해서 먹고사는 원시적 본능을 가지고 있다.

함께 전략을 짜서 사냥에 성공함으로써 승리의 쾌감을 맛보고 서로 전리품을 나눠 가졌다. 이렇듯 나는 본능에 가까운 게임을 억누른다는 것은 사실상 어렵다고 본다. 하지만 이런 현실을 회피한다고 해서 해결되지 않는다. 인정할 건 인정하고 전부는 아니더라도 분명 해결책은 있을 것이다.

초등학교 5학년이 된 첫째 아이 지율이는 엉덩이가 무거운 편이다. 한번 독서나 공부에 몰입하면 몇 시간 동안 꼼짝하지 않는다. 그래서인지 지율이는 가끔 학원에서 치르는 시험에서 제법 괜찮은 성적을 받는다. 요즘 초등생들은 예전처럼 시험을 치지 않고, 중학교에 가서야 시험을 통해 자신의 성적 수준을 판단할 수 있다. 지율이는 고학년으로 갈수록 공부에 할애하는 시간도 점점 많아지고 읽어야 할 책도 늘어났다. 일주일에 못해도 몇 권의 책은 읽는다. 예전엔 게임을 하고 나면 "벌써 시간이 이렇게나 지났나?" 하고 중얼댔는데 요즘은 독서나 공부를 마치면 하는 말이다.

일곱 살이 된 둘째 아이 준영이는 엉덩이가 무지 무거운 편이다. 한번 TV에 몰입하면 반나절 동안 꼼짝하지 않는다. 그래서인지 준영이는 어린이 TV 편성표를 줄줄 외운다. 꽤 괜찮은 암기 능력을 갖추고 있다. 작년까지만 해도 형이랑 같이 노는 시간이 많았지만 형이 고학년이 되면서부터 힘들어졌다. 준영이는 코로나19로 인해 유치원에 안 가는 날이 많아지면서 내가 같이 놀아주는 것도 한계가 있었다.

준영이는 형이 공부하는 동안 심술이 났는지, 형이 앉아 있는 의자 팔걸이에 매달려 훼방을 놓는다. 혼자 놀기 심심한 탓에 형을 귀찮게 하면, 이내 지율이는 폭발하여 소리치기 일쑤다. 하루에도 수십 번 이런 상황이 발생한다. 여러 번의 시도 끝에 놀기에 실패하면 포기한 듯 혼자 방바닥에 누워 '뒹굴뒹굴'대며 시위한다. 그럼 어쩔 수 없이 TV를 보게 하거나 게임을 하게끔 한다. 그러면 잠시나마 집안의 평화가 찾아온다.

첫째 지율이를 키울 때만 해도 애 엄마가 아이와 많은 시간을 보냈다. 둘째가 태어나고 얼마 지나 우리 부부가 맞벌이를 하면서 아이들을 방치하는 시간이 많아졌다. 첫째는 그나마 머리가 커서 자기 할 일을 스스로 찾아서 하지만, 둘째는 아직 누군가 옆에서 돌봐주어야 할 시기였다. 그렇게 두 아이는 서로 다른 환경 속에서 자란 탓인지 공부를 대하는 태도가 사뭇 달랐다.

첫째 지율이는 초등학교에 들어가면서부터 역사에 관심을 보였다. 역사 관련 서적과 인터넷 영상을 보며 재미있어했다. 지율이는 역사에 대해 궁금한 점이 생기면 내게 자주 책을 사달라고 했다. 아이가 직접 책을 사달라고 하는 경우가 처음이고, 다른 것도 아니고 책을 갖고 싶다고 하니 흔쾌히 사주었다. 이렇게 해서 모인 책이 어느새 커다란 책장에 한 줄을 차지하고 있다.

지율이는 역사책을 읽으면서부터 게임을 즐기는 시간이 점차 줄어들었다. 그전엔 숙제도 간신히 하는 데다 독서는 등을 떠밀어도 스스로 하는 일이 없었다. 책을 즐기는 상황이 생긴 이후로 자연스레 공부에 관심을 보이기 시작했다.

미국의 교육심리학자 존 켈러(John M. Keller)는 '어떻게 하면 아이들이 스스로 공부하고 그 상태를 지속시킬 수 있는가?' 하는 질문에 대한 답을 찾기 위해 네 가지 요소를 제시했다.

첫째, 아이들이 학습 내용에 '관심'을 갖지 않는 경우, 둘째, 학습 내용이 자신과 '관련성'이 없다고 느끼는 경우, 셋째, 학습 과제를 성공적으로 마칠 수 있을 거란 '자신감'을 갖지 못하는 경우, 넷째, 노력의 결과가 기대 이하일 때 그 결과에 대해 '만족'할 수 없는 경우에 학습은 지속되기 어려우며 결국 성공할 수 없다는 내용이다.

관심(Attention), 관련성(Relevance), 자신감(Confidence), 만족감(Satisfaction). 아이들이 공부에 동기 부여를 받으려면 이 네 가지를 충족해야 한다는 ARCS모형이론이다. 이 이론대로 아이들이 공부한다면 이상적인 학습 태도를 보일 것이다. 나는 ARCS이론을 접하면서 흥미로운 사실을 알게 됐다. 게임은 이 네 가지의 요소를 대부분 갖추고 있다는 것이다.

게임은 호기심을 자극하고 재미있기 때문에 '관심'을 끌 수밖에 없다. 게임 속 캐릭터는 아이들의 분신이고 친구들과 소통하는 창구이니 아이들과 밀접한 '관련성'이 있다. 게임을 열심히 하면 순위가 오르고, 어디까지 잘할 수 있는지에 대한 '자신감'이 생긴다. 게임하여 승리하면 즉시 게임머니, 아이템과 같은 보상을 받을 수 있으니 '만족감'의 연속이다.

게임하는 동기는 이것뿐만 아니라 다른 요인도 차고 넘친다. 게임을 통해 얻은 아이템을 모아 수집 욕구를 충족시키고, 오른 랭킹을 보며 주변 친구들에게 자랑할 수도 있다. 게다가 게임 능력이나 시간이 부족한 사람은 현금을 써서 즐길 수 있는 마지막 수단까지 있다. 게임은 아이들이 살아 있음을 느끼는 만족감 그 자체인 것이다. 때문에 게임에 빠진 아이들이 쉽게 공부로 돌아오기란 쉽지 않은 일이다.

반면 공부는 재미가 없으니 아이들 '관심' 밖이고 '수학이나 과학이 나랑 무슨 상관이야?' 할 것이니 관련성도 찾기 힘들고, 노력해도 안 된다고 생각하니 자신감이 떨어지고, 앞선 세 가지가 부족하니 당연히 만족감도 없다.

그렇다면 게임을 즐기며 공부를 잘 할 수 있는 방법은 없을까? 무작정 '아이들이 언젠가 철이 들어 공부하겠지.' 하며 마냥 기다릴 수도 없고, 중요한 건 인생에 한 번뿐인 배움의 시간을 놓칠 수 있다. 더욱이 학년이 오를수록 공부량은 늘어나니 하루 일과를 효율적으로 관리해야 한다.

이따금 우리는 성적이 우수한데도 게임을 잘하는 아이들을 볼 수 있다. '게임을 잘하는데 어떻게 공부도 잘할 수 있지?' 하는 생각이 들게 만든다. 게임을 하면서도 공부에 성공한 아이들은 공통점이 있다. 이런 아이들은 '자기 효능감'이 높다. 쉽게 말해 '노력하면 이쯤은 해낼 수 있어.' 하는 자신감이 '자기 효능감'이다. 아무리 게임에 빠져도 주어진 공부를 할 수 있다는 확신을 가지고 있다. 게임처럼 공부도, 느리지만 자신감을 얻어 성취감을 느낄 수 있다면 게임을 즐기며 공부를 잘할 수 있다.

게임이 주는 쾌감은 빠르고 강력하다. 반면 공부를 통한 만족감은 너무 느리고 강하지도 않다. 따라서 공부를 하면서 쾌감을 맛보려면 성과를 내기까지의 노력과 인내가 필요하다. 분명 공부는 느리지만 노력만큼 결과가 나온다는 사실은 누구나 알고 있다. 게임과 공부가 주는 쾌감은 성취에 대한 만족이라는 측면에선 비슷한 듯 보인다. 하지만 엄연히 서로 다른 영역을 가지고 있다.

인간의 뇌를 무언가에 빠져들게 하는 요인은 도파민 호르몬이다. 쾌감을 느끼는 순간 뇌에서는 도파민이 분비된다. 아이들이 무언가에 몰입하여 즐거움을 느끼면 아이의 뇌에선 도파민 신경계가 활동하고 동시에 세로토닌 신경계도 활동하게 된다. 순간적인 쾌감은 도파민 신경계를 자극하며, 장기적인 쾌감은 세로토닌 신경계를 자극한다. 세로토닌 신경계는 마음을 진정시키는 정적 쾌감을 담당한다. 이 신경계가 제대로 활동하면 아이들은 장기적 보상을 좋아하게 되고, 눈앞에 보이는 쾌감이 아니라 미래의 쾌감을 우선하게 된다. 또한 게임과 공부의 쾌감은 아이들의 뇌에서 자극받는 부위가 다르다. 그러므로 게임은 일시적인 쾌감이기에 오래 지속되지 못한다.

게임을 잘하면서 공부도 잘하는 아이들은 자기 조절 능력이 뛰어나다. 게임을 하더라도 자신만의 원칙을 지키며 할 건 하는 아이들이다. 게임에 빠져 있더라도 공부에 대한 쾌감을 맛봤기에 조절이 가능하다. 게임과 공부의 두 가지 쾌감을 느껴본 아이들은 공부에 치중해야 할 시기가 오면 공부의 쾌감을 보다 더 많이 즐기게 되는 것이다.

사람은 본시 '쾌감'을 느끼기 위해 살아간다. 맛있는 음식을 먹고 싶고, 피곤하면 자고 싶고, 매력적인 사람을 보면 사랑에 빠지고 싶듯이 호기심이 생겨 궁금한 것을 해결하고자 하는 마음은 인간의 본능이다. 이미 2,500여 년 전에 '공자'도 자발적인 지적 호기심과 실천의 필요성을 언급했다.

"배우지만(學) 생각(思)하지 않는다면 사리에 어둡고, 생각만 하고 배우지 않는다면 좁은 시야에 사로잡혀 그 학문은 위태롭다."

공부의 본질은 2500여 년 전이나 지금이다 별반 차이가 없기에 '공자'의 가르침은 오늘날까지도 큰 의미로 다가온다.

현재의 아이들은 획일적인 틀에 억지로 맞추기 위한 공부가 주가 된다. 이를 벗어나 아이들 스스로 공부의 쾌감을 맛본다면 이보다 더 의미있는 공부가 있을까.

04

게임의 승부욕을 공부에 적용하라

내 첫째 아이, 지율이는 동갑내기 외사촌 하윤이와 어려서부터 친형제처럼 지냈다. 아내의 언니 맏딸인 하윤이는 우리 집 근처에 살았다. 그런 이유로 지율이와 하윤이는 서로 분유도 나눠 먹고 기저귀도 같이 쓰며 자랐다. 하윤이는 지율이에 비해 승부욕이 강한 아이였다. 특히 새로운 것을 배우는 경우에 남다른 의욕을 보였다. 두 아이가 여섯 살이 되던 해에 세발자전거에 붙어 있던 보조 바퀴를 떼어냈다. 이제 본격적으로 아이들은 두 바퀴에 의지해 홀로 자전거를 타야 할 시기가 온 것이다. 부모들은 아이들이 처음 자전거를 탈 때의 모습을 인상적으로 기억한다. 비틀비틀, 쓰러질 듯 말 듯, 아이들이 타고 있던 자전거의 움직임에 나도 모르게 자전거 안장을 꽉 움켜쥐었다.

문득 나는 어린 시절 처음 자전거를 탈 때의 기억이 떠올랐다. 부모님은 항상 일하느라 바쁘셨기 때문에 자전거를 잘 타는 동네 형들을 어깨너머로 보며 배웠다. 아침이 되면 동네 형들은 자전거를 타고 일렬로 등굣길에 오른다. 우르르 열댓 명의 형들이 우리 집 앞 골목을 쏜살같이 내달리는 것을 보고 있노라면 너무 부러웠다. 심지어 핸들에서 두 손을 놓고 타는 형도 있었다.

그 당시 나는 두발자전거를 누구의 도움 없이 타는 게 소원이었다. 하지만 넘어지는 게 두려운 나머지 몇 미터도 움직이질 못했다. 실제로 나는 수차례 넘어지고, 무릎과 팔꿈치에 상처가 나도록 연습한 끝에 가까스로 자전거를 탈 수 있었다. 어느 정도 타다 보니 자신감이 생긴 나는 집 근처를 벗어나 시장 골목으로 들어갔다.

리어카를 끄는 할아버지, 자전거를 타고 배달하는 아저씨, 좌판을 깔고 야채를 파는 할머니 등 분주하게 움직이는 시장 사람들이 보였다. 무심코 들어선 시장 골목에서 나는 속도를 줄이지 못하고, 그만 미역이 진열되어 있는 좌판을 들이받고 말았다. 바짝 말린 미역 뭉치들이 사방으로 튕겨져 날아오르고, 내 몸도 공중에 붕 떠서 미역과 함께 내동댕이쳐졌다. 온몸에 긁힌 상처로 피가 나고 멍이 들었다. 나는 아픈 것보다도 창피한 마음이 앞서서, 할머니에게 죄송하다는 말도 제대로 하지 못한 채 그 자리를 피하고 말았다. 그때 찢어진 영광의 상처가 아직도 내 무릎에 남아 있다.

그래서인가 지율이와 하윤이가 비틀거리며 자전거를 타는 모습을 보니 다치지 않을까 걱정이 앞섰다. 승부욕이 뛰어난 하윤이는 수차례 넘어지고, 무릎이 다치는 와중에도 다시 일어나 자전거 타기에 도전했다. 놀랍게도 하윤이는 스스로 자전거를 타기로 결심한 첫날, 제법 잘 타게 됐다.

처음 자전거를 배우려면 넘어질 각오를 해야 하는 것처럼 새로운 도전에는 용기가 필요하다. 그 도전에 승부욕이 더해지면 이루고자 하는 목표에 더 빨리 도달할 수 있고 성취감도 배가된다. 때론 자신을 상대로 승부욕을 발동하는 것은 자아실현에 원동력이 될 수 있다. 내가 처음 스스로 자전거 페달을 밟아 앞으로 나갔을 때의 희열감은 여전히 마음속 짜릿함으로 남아 있다. 언제나 넘어질 각오와 용기가 필요한 우리네 인생도 마찬가지이지 않을까.

온종일 게임만 하고 싶고, 게임만 하던 어린 소년이 세계 최고의 게임 대회에서 우승을 차지했다. 그 소년은 먹고 싶고, 사고 싶고, 입고 싶은 것도 없는 오로지 게임만이 인생의 전부라 생각하고 살아왔다. 그는 요즘 잘나가는 게임에서 프로게이머로 활동하는, 세계적으로 꽤 유명한 선수다. 한때 국내 프로 스포츠선수 중 연봉 1위를 차지하기도 했다. 해외 언론에선 그를 축구선수 '리오넬 메시'나 농구선수 '마이클 조던'에 비교

한다.

'어떻게 이런 결과를 낼 수 있었는가?'에 대한 기자의 질문에 그는 "게임은 한 가지에 파고드는 걸 좋아하는 나의 기질과 잘 맞는다.", "게임은 집중력과 승부욕이 중요하다.", "나는 즐기기보다 이기겠다는 생각으로 경기에 임한다."라고 답했다. 그가 경기하는 모습을 지켜보면 약간의 미동도 없이 대단한 집중력을 보인다. 이기겠다는 일념에 얼굴에는 땀이 비 오듯 흘러내린다.

모든 스포츠 경기는 승리를 위해 존재한다. 물론 경기를 준비하는 과정 역시 의미가 있지만, 강력한 승부욕이 극에 달할 때 최상의 경기력이 나온다. 강력한 승부욕으로 상대 선수에게 최선을 다하는 것은 스포츠 정신에 입각한 최고의 '예(禮)'를 갖추는 일이다. 승부욕이야말로 사람들에게 동기를 유발하고 노력하게 만드는 원동력이다.

군대를 제대하고 복학을 하니 대학가 주변에 PC방이라는 생소한 간판이 내 눈을 사로잡았다. 노래방은 자주 갔지만 PC방은 처음이라 친구들과 함께 가봤다. PC방이 보급된 지 얼마 되지 않은 시기라 내가 다니던 대학가엔 서너 개밖에 없었다. 그 당시 대학생들은 당구장 대신 주로 PC방을 다니며 여가 시간을 즐겼다. 우리는 친구, 후배 할 것 없이 PC방의 재미에 흠뻑 빠졌다. 단순히 재밌어서 시작한 게임 생활이 나중엔 밤을 새는 일이 자주 발생했다. 강의 시간 때는 잠을 자기 일쑤였고 과제를 제출하지 않아 학점은 바닥을 쳤다. 친구들과 술자리를 가진 후엔 여지

없이 PC방을 찾았다. 그러곤 알코올의 힘으로 밤새 게임 속 세상을 미친 듯이 뛰어 다녔다. 그러던 나는 게임을 끊기로 결심했다. 두 번의 학사경고로 퇴학 위기에 닥친 것이다. 이런 상황에서도 머릿속엔 온통 총을 들고 들판을 달리는 내 모습만 떠올랐다.

'나는 왜 게임을 하는 걸까?' 곰곰이 생각해보니 승부욕과 관련돼 있다는 생각이 들었다. 내가 당시 했던 게임은 여러 명이 한 팀이 되어, 2차 세계대전을 배경으로 적군을 섬멸하는 게임이었다. 나는 우리 팀이 이기기 위해 수단과 방법을 가리지 않고 게임에 몰입했다. 눈이 뻘겋게 충혈이 되고 손에 땀이 흥건히 젖으면서까지 승부욕을 불살랐다.

하지만 '퇴학'이라는 위기 앞에서 본능보다는 현실을 택해야 했다. 부모님이 등골이 휘도록 벌어다 준 돈으로 학교를 다니는 처지에 나의 이런 생활은 상당한 죄책감으로 다가왔다. 나는 학점을 원상 복구하기 위해 수많은 유혹 속에서도 과제에 열중했다. 다행히도 게임에서의 승부욕이, 위기를 벗어나기 위한 탈출의 용도로 승화되니 퇴학을 면할 수 있는 좋은 무기가 됐다.

요즘 아이들이 장차 원하는 직업 중에 e스포츠 프로게이머가 상위에 올라와 있다. 게임의 인기를 실감케 하는 결과다. 실제로 잘나가는 프로게이머는 상당한 연봉을 받는다. 일반 기업체의 월급쟁이가 상상할 수 없는 금액이 오고간다. 하지만 여느 스포츠선수처럼 선수 생명이 너무도 짧다. 이 때문에 현역 선수로 활동할 때에도 제2의 직업을 준비하기 위해 부단히 노력한다. 뭇 사람들은 '게임만 하던 프로게이머들이 새로운 직업을 가질 수 있을까?' 하는 의문이 들 수 있다. 하지만 선수 시절의 승부욕을 발휘해 그 어렵다는 공시부터 대기업 입사까지 성공적으로 제2의 인생을 살아가는 프로게이머들도 상당수 존재한다.

90년대 프로게이머로 이름을 날리던 L선수는 e스포츠 초창기 인기 선수였다. 프로게이머로 대활약을 펼치기 전에도 명문대에 재학 중이었다. 선수 생활을 은퇴한 이후에는 치의학전문대학원을 거쳐 치과의사로 제2의 인생을 살고 있다.

대학을 재학 중에 프로게이머로 데뷔한 P선수는 프로게임단에 입단함과 동시에 대학을 중퇴했다. 그는 e스포츠의 화려한 전성기를 누리다가 전역 후 얼마 지나 은퇴 소식을 전했다. 은퇴 후 턱없이 부족한 스펙으로 인해 새로운 직업을 찾기가 만만치 않았다. 그는 이 상황을 극복할 수 있는 방법은 '고시'밖에 없다고 생각했다. 프로 선수 시절 하루 10시간씩 훈련하던 승부욕으로 공부를 하여 당당히 9급 공무원에 합격했다. 현재는 같은 공무원과 연이 닿아 행복한 가정을 꾸리고 살고 있다.

그 외에도 은퇴 후 해외 유학 과정을 거쳐 IT 대기업에 입사한 선수가 있는가 하면, 또 다른 선수 역시 정말 되기 힘든 공무원 시험에 합격한 사례도 있다.

실제로 국내에서 프로게이머가 되려면 수치상으로만 봤을 때 서울대에 들어가는 것보다 더 어렵다. 그들은 그 세계 안에서 남모를 피나는 연습과 노력으로 정상의 자리를 지켜나간다. 타인보다 더 뛰어나기 위한 강한 승부욕이 그들을 지탱하는 버팀목이 되는 것이다.

"당신은 게임에 이기면 행복한가?" 만약 행복했다면, 무엇이 당신을 행복하게 했는가에 대한 궁금증을 가져야 한다. 행복은 대부분 어떤 욕구가 충족됐을 때 느낀다. 인간의 욕구는 크게 육체적 욕구와 정신적 욕구로 나뉜다. 식욕, 수면욕, 성욕과 같은 욕구는 육체적인 욕구다. 육체가 원하는 생리적 욕구는 쉬 질리고 더 강한 욕구를 만드는 낮은 단계의 행복을 부른다. 하지만 인간은 야생동물과 달리 성취욕, 명예욕과 같은 정신적 욕구를 갈망한다. 그래서 대부분의 사람들은 지식을 축적하여 더 많은 돈과 명예를 얻기 위해 혼신의 힘을 다한다. 그 노력의 결실로 얻은 부귀영화를 만끽할 때 상당한 행복감을 느끼는 것이다. 이것은 야생동물이 느낄 수 없는 보다 높은 단계의 행복이다.

게임에 이겨서 행복함을 느끼거나, 자신과의 싸움에서 승리하여 인생의 유의미한 결과를 내거나 이 모든 과정에는 '승부욕'이 영향을 미친다. 진정 자신이 원하는 바를 이루기 위해서는 마음 깊은 곳의 '승부욕'까지 끄집어내어, 자신이 생각한 것 그 이상의 결과를 얻을 때 완전한 행복을 느낄 수 있는 것이다.

05

행복한 '게임 기억'을 만들면 공부 의욕이 샘솟는다

고등학교 2학년이 되던 해에 우리 집은 전자오락실을 하게 됐다. 아버지는 30년 가까이 다니시던 회사를 그만두고 처음으로 사업을 하시게 된 것이다. 내가 다니던 고등학교 근처에 위치한 5층짜리 상가주택 1층에 있는 꽤 큰 규모의 오락실이었다. 그 건물 2~3층은 입시학원이었고, 4~5층은 독서실이었다. 입시학원이 끝마치는 저녁 7시가 되면 학생들이 우르르 몰려나왔다. 참새가 방앗간을 지나갈 수 없듯이 학생들은 줄지어 오락실로 밀려들었다. 그중에 내 친구들은 내가, 게임을 마음껏 할 수 있을 거란 생각에 나를 몹시 부러워했다. 하지만 나는 아버지가 오락실을 지키고 계실 때는 게임기를 만져보지도 못했다. 아버지는 내가 한창 공부할 시기에 게임하는 것을 용납하지 않으셨다.

초등학교 때 나는 오락실을 가기 위해 힘들게 모은 돼지저금통의 배를 가른 적이 있다. 찢어진 돼지저금통 때문에 부모님께 들켜 죽지 않을 만큼 맞았다. 매주 수요일 저녁이 되면 부모님은 교회를 가시기 위해 오락실을 아르바이트생에게 맡기셨다. 그날은 내가 마음껏 게임할 수 있는 날이었다.

친구들은 동전을 넣어 게임을 해야 했지만, 나는 오락기 자물쇠를 열고 손가락을 튕기는 만큼 할 수 있었다. 부모님이 오락실에 안 계신 그때는 천재일우의 기회였다. 그 당시는 오락실 게임의 전성기답게 갤러그, 너구리, 제비우스, 동킹콩 등 수많은 명작 게임들이 아이들을 즐겁게 해주던 시절이었다. 나는 평소 해보고 싶었던 게임을 원 없이 했다. 나중엔 동전 없이 마음대로 플레이하다 보니, 게임이 시시해질 정도였다.

이듬해 나는 고3 수험생이 되므로 학교 수업을 마치면 입시학원에서 수강을 듣고, 독서실에서 늦도록 공부해야 했다. 나의 부모님은 자식들이 장사나 사업보단 공부로 성공하길 바라셨다. 그래서인지 부모님의 기대에 부응해야 한다는 생각에 고등학교 시절, 추억이 별로 없다. 매일같이 학교, 학원, 독서실, 집을 반복하며 그 흔한 여자 친구 하나 없이 공부에만 열중했다.

나는 매주 수요일에 입시학원을 마치면 독서실을 가지 않았다. 아버지가 안 계신 틈을 타 게임 삼매경에 빠졌다. 주중에 한 번 게임에 몰입했던 그 시간은 나의 학창 시절 중 가장 행복했던 순간이었다. 새벽별을 보며 등교해서 저녁달을 보며 하교를 했다. 다람쥐 쳇바퀴 돌듯 되풀이되는 일상생활로 몸과 마음은 점점 피폐해지고 있었다. 그런 상황에서 게임에 몰입했던 순간만큼은 모든 것을 잊게 해주는 선물과도 같은 시간이었다.

게임회사에서 일하게 되면 개성이 많고, 자기만의 세계가 강한 직장 동료를 흔히 볼 수 있다. 내 경험으론 그들이 자라온 동네에서 대부분 내노라하는 공붓벌레들이었다. 당연히 명문대 출신들이 주류를 이루었다. 이런 직장 동료들은 이제 추억이 되어버린 오락실 게임 속 물건들을 모으는 수집광들이 많다. 요즘엔 이들을 '키덜트 마니아(Kidult Mania)'라 부른다. 어른이 된 후에도 복잡한 현실을 피해 포근한 동심의 세계에 빠져 자신만의 공간을 만드는 것이다.

게임, 영화, 애니메이션, 만화 등 매력적인 캐릭터나 소품들을 꾸준히 수집한다. 이들이 수집해서 정리한 작품들을 보면 혀를 내두를 정도의 수준이다. 산업적인 관점으로 볼 때도 '키덜트 매니아' 시장 규모는 상당히 크다. '키덜트'들은 어린 시절 추억을 위해 돈을 쓴다. 주로 마음속에 간직하고 있던 오락기나 다양한 장난감들을 오랜 시간 동안 수집한다. 그러곤 개인 블로그나 SNS를 통해 자신이 구축한 '덕후'의 결과물을 공유하고, 온라인 공간에서 과시용으로 쓰거나, 서로 주고받고 팔기까지

한다.

공부를 좀 한다 하는 학생들은 대개 정리와 수집에 있어서는 일가견이 있다. 수업시간에 정리한 핵심노트나 자신이 풀었던 문제집을 잘 정리해 놓는다. 나도 학창 시절 우등생 친구의 핵심노트를 빌리기 위해 구걸하듯 부탁한 적이 있다. 물론 드물게 막 어질러놓고, 요약정리 없이 공부해도 높은 성적이 나오는 천재적인 학생도 있다. 그러나 일반적인 학생의 경우는 그동안 공부한 내용이 한눈에 볼 수 있게 잘 정리해야 한다. 왜냐하면 인간의 뇌는 습득한 지식의 정보를 시각적으로 이미지화하여 저장하기 때문이다.

뇌는 시각적으로 보이는 대로 정보를 처리하기 때문에 눈에 보이면 바로 대응하는 특징이 있다. 너저분한 환경에서 공부할 경우 정신이 산란해져 집중하지 못한다. 필요한 지식을 원할 때 쉽게 꺼내고, 집어넣을 수 있으려면 방대한 지식이 지도처럼 그려져야 한다. 예들 들어 역사 공부를 할 때 목차만 머릿속에 그릴 수 있다면 하위 개념들이 연결되어 기억나게 하는 원리다.

일단 공부에 관심이 생기고 잘하고 싶은 마음이 들었다면 지식정보의 체계화, 즉 수집을 통한 정리가 우선돼야 한다. 어떤 분야에서든 이 과정이 있어야 두각을 나타낼 수 있다. 그동안 내가 보아온 많은 '키덜트'들은 수집과 정리에 있어선 뛰어난 능력을 보여줬다. 그들은 논리적이며 합리적인 사고로 게임 제작에 임해왔다. 또한 과거 행복했던 게임의 기억이 성인이 돼서도 마음의 안식처로 활용됐다. 비단 게임이 아니더라도 행복하게 몰입했던 무언가가 다양한 형태로 삶의 의미를 부여해줄 수 있다는 것은 한편으론 각박한 현대인에게 위안을 준다.

나는 주기적으로 지율의 공부를 봐준다. 학원에서 배우는 교육 과정은 전체적으로 강사 선생님이 책임지기 때문에 나는 학교에서 배우는 과목을 주로 봐준다. 코로나19로 인해 온라인 수업이 장기간 지속되다 보니 정규 교과 수업을 일일이 확인하지 않으면 아이들의 학습수준을 알기 힘들다. 학교 선생님은 이런 환경에서 아이들을 지도하기 때문에 더욱 애로사항이 많을 것이다.

지율이는 평소에 바쁜 학업 일정에도 불구하고 밥을 먹을 때나 휴식을 취할 때, 잠시 짬을 내 나와 보드게임을 하자고 제안한다. 요즘 초등학생들은 부모 세대와는 달리 학습량도 방대해지고, 수준도 높아졌다. 지율이가 초등학교 고학년이 된 후 모르는 문제를 들고 오면 난감할 때가 많다. 문제집을 뒤지고 인터넷에서 이것저것 찾아본 후에야 해결할 수 있었다.

빡빡한 일상에 지칠 만도 할 텐데 지율이는 나름 쾌활함을 잃지 않는다. 아이가 나와 보드게임을 할 때는 표정이 더 해맑아지고 적극적인 태도를 보인다. 나와 지율이가 하는 보드게임은 주로 머리를 써서 수수께끼를 푸는 방식이다. 조금의 기억력과 순발력으로 일상의 어지러움을 씻

어낼 수 있다. 나 역시도 지율이와 게임으로 보내는 시간이 평범한 일상에 활력이 된다. 지율이는 아빠와 함께 게임했던 시간을 훗날 행복한 시간으로 기억할 것이다.

지긋지긋한 공부의 마침표를 찍는 학력고사 시험을 끝내고 나는 한동안 허전함에 삶이 무기력해진 적이 있다. 언제나 보던 수많은 수학 공식과 알파벳들을 멀리하게 되니 머릿속이 하얀 도화지가 된 것 같았다. 처음으로 친구들과 술도 먹어보고, 소개팅도 나가 봐도 공허함을 달래기엔 역부족이었다. 그런 날들을 보내는 와중에 나는 운명처럼 '문명'이라는 게임을 만났다. 한번 손을 댄 후론 날 새는 줄 모르고 빠져들었다.

1편이 나온 이후 현재까지 무려 30년 동안이나 사랑받는 대작 게임이다. 수천 년에 걸친 인류 문명의 방대한 발전사를 원시시대부터 현재의 과학 문명에 이르기까지 만들 수 있는 게임이다. 그 시절, 문명이란 게임은 나에게 최고의 행복을 안겨줬다. 마치 내가 신이라도 된 것 같은 착각이 들게 만들었다.

게임이 시작되면, 인류 역사에 존재했던 문명 중 하나를 골라 무작위로 펼쳐지는 세상 위에서 내 국가를 발전시켜나갈 수 있다. 수많은 기술과 제도를 연구하며 문명들이 점점 힘을 키워간다. 커져가는 문명들 간의 갈등으로 전쟁을 통해 생존을 도모하고, 최종 승리를 위해 컴퓨터 인공지능과 벌이는 턴제 전략 게임의 원조이다. 어쩌면 나는 이 게임을 하며 무의식 속에서 게임 개발의 동경이 생겼을지 모른다.

사람들은 세상을 살면서 무슨 이유에서든 삶이 무기력해질 때가 있다. 우리는 이것을 '슬럼프'라고 부른다. 혹자는 "당신이 슬럼프가 왔다는 것은 열심히 살아왔다는 증거"라 위로해준다. 그것을 벗어나기 위해 사람들은 운동이나 독서, 여행 등 다양한 방법으로 건조해진 삶에 기력을 불어넣으려 노력한다.

나는 12년의 학교생활이 치열하고 간절했기에 무기력함이 찾아왔다고 생각한다. 한 곳만 바라보며, 하나의 목표를 이루기 위해 달려왔다. 목표 지점에 도착하니 알 수 없는 공허함으로 몸이 축 늘어졌다. 운명처럼 만난 하나의 게임은 축 늘어진 나의 몸에 활기를 불어넣는 영양주사처럼 내 혈관을 타고 온몸으로 퍼져나갔다.

인간이 행복을 추구하는 것은 보편타당한 진리다. 더욱이 아이들이라면 행복한 기억을 간직해야 할 이유가 더 있다. 흔히 어린 시절의 일들은 기억에 남지 않는다고 생각한다. 단편적인 사건들을 일일이 기억하지 못할 뿐, 유년 시절 잊을 수 없는 사건들은 고스란히 몸이 기억한다. 그리고 이 기억은 아이가 성장하는 동안 비옥한 자양분이 된다.

나는 어려서부터 행복하게 해왔던 게임 기억이 사는 동안 많은 힘이 됐다. 초등학교 시절 문방구 앞에 있던 오락기를 시작으로 PC방의 컴퓨터게임에 이르기까지 각양각색의 게임을 즐겨왔다. 많은 세월이 흐른 뒤에도 내 아이들 역시 게임으로 추억을 만들고 있다. 이 기억들은 답답한 일상에 생기를 불어넣는 촉매제 역할을 톡톡히 한다. 부모는 가정에 충실하며, 아이들은 학생 본분에 맞게 학업에 열중해야 한다. 그러기 위해선 행복하게 게임했던 기억을 되살려 각자 주어진 일에 최선을 다해야 할 것이다.

06

공부 안 하고는 못 배기는 아이들

지율이가 학교에 가지 않고 비대면 화상 수업을 시작한 지도 2년이 다 되어간다. 코로나19는 잡힐 듯 잡히지 않고 변이 바이러스의 출현과 함께 재확산이 반복되고 있다. 지율이가 다니는 초등학교에서도 코로나 재유행으로 주 1~2회 등교만 하고 과제나 녹화 영상 위주로 수업이 진행된다. 이 때문에 학부모들의 불만이 커지고 있다. 나도 갑작스러운 코로나 사태로 어쩔 수 없다고 생각되지만, 여름방학을 보내고 2학기가 됐는데도 달라진 게 없어 매우 실망스러웠다.

지금 초등학교 원격수업은 오전에 간단히 출석 체크를 한 후, 듣는 위주로 학습을 하고, 대개는 자율적으로 공부하도록 하는 방식인 것 같다.

2년 가까이 지켜본 나로서는 다소 방치된 느낌이 들었다. 하긴 30명에 가까운 학생들을 비대면으로 1명의 선생님이 가르친다는 것 자체가 무리가 있다.

원격수업은 여러 가지 시행착오를 거쳐 자리를 잡아가고 있으나, 대부분 담당 선생님의 능력에 치중돼 있다. 그로 인해 수업의 질적인 차이로 학생 간 학습 격차가 심화될 수 있다. 하지만 우리나라 선생님들은 어느 국가의 교사들보다 우수한 집단이다. 우리가 함께 인내하며 격려한다면, 선생님들은 잠재력을 발휘하여 더 우수한 교육 방식을 이끌어낼 것이다. 물론 코로나19는 앞으로 멈추어야 한다. 그렇지만 미래 교육은 온라인 교육이 대세일 수밖에 없다.

처음 지율이가 초등학교 원격수업을 할 때 긴장도 했지만 재미있다고 했다. 하긴 학교에 가지 않아도 되고 새로운 수업 방식이라 신선하게 느껴졌을 것이다. 지율이는 1년 넘게 화상 수업을 받다 보니 나름 적응도 되고 느슨한 마음이 생긴 것 같았다. 수업 중간에 나와서 화장실도 가고, 간식거리도 먹곤 했다. 나는 수업 중에 방해가 될까 봐 한 번도 문을 열고 들어가보지 않았다. 그래도 지율이가 그럭저럭 수업에 충실히 임할 거라 믿고 있었다.

그날도 여느 때와 다름없이 아침 식사를 하고 원격수업이 시작됐다. 평일 오전 8시 40분이 되면 수업이 시작된다. 수업이 시작한 지 2시간쯤

지났을 때 평소에 들리지 않던 소리가 나서 나는 살짝 방문을 열어보았다. 그런데 지율이는 노트북 카메라를 피해 수업 도중에 핸드폰 게임을 하고 있었다. 내 아이가 수업 중에 게임을 한다는 건 상상해본 적도 없다. 아내와 나는 너무 깜짝 놀라 수업을 중단시키고 거실로 데리고 나와 무진장 나무랐다. 담임 선생님께 양해를 구하고 지율이와 몇 시간을 대화했다. 아내는 아이에게 눈물까지 보이며 잘못된 행동을 꾸짖었다. 나도 그동안 세심하게 관찰하지 않은 것을 후회했다. 1년인지, 2년인지 언제부터 수업을 듣지 않고 게임을 했는지 알 수가 없었다. 물어봐도 수업 중에 게임한 건 오늘이 처음이라 했다. 아이에 대한 믿음이 깨지고 나니 어떤 얘기를 해도 당최 믿을 수가 없었다.

두 달 동안 핸드폰 데이터를 삭제하고 게임을 하지 않는 것으로 일단락됐다. 수업 중에 게임한 것보다 부모를 속인 부분이 가장 괘씸했다. 그렇지만 혼을 내고 게임을 못 하게 한다고 아이가 게임하지 않을까? 여전히 이 부분은 아이가 성인이 될 때까지 갈등의 원인이 될 듯하다.

부모라면 누구나 내 아이 교육에 신경을 쓰는 것은 너무나도 자연스러운 일이다. 하지만 부모가 자녀에게 공부를 가르치지 않거나, 공부할 수 있는 환경을 제공하지 않았는지 생각해봐야 한다. 누구나 공부 잘하는 아이로 만들고 싶지만, 자식 공부만큼 부모 마음처럼 되지 않는 것도 없다. 공부하기 싫어하는 아이에게 혼도 내고, 비싼 학원도 보내고, 과외를 시켜봐도 성적은 잘 오르지 않는다. 공부가 싫은 아이들은 주로 게임과 유튜브만 파고들지 책을 펼치길 꺼린다. 부모들은 아이들의 성적이 안 좋은 이유를 나쁜 친구 탓으로 돌리거나, 아이들의 불성실함 때문에, 혹은 똑똑하지 못한 유전자를 물려받아서 그렇다는 등 말도 안 되는 이유를 갖다 붙인다. 이런 상황은 아이들을 탓하기 전에 대부분 부모들에게 영향을 받은 것이다.

당연한 얘기로 들릴지 모르나, 아이들이 공부를 좋아하게 만들면 공부를 잘하게 될 것이다. 부모들은 아이들이 더 높은 점수를 받기 위해 공부하는 것이 아니라, 공부에 흥미를 가질 수 있도록 다양한 경험과 사고를 기를 수 있는 환경을 제공해야 한다. 특히 현재 배우는 교과의 내용에 대해 아이들의 관심을 이끌어낸다면 당연히 성적 향상으로 이어질 것이다.

아이들은 자신이 많이 아는 것과 잘할 수 있는 것에 관심을 갖는다. 스스로 못한다고 여기면 더 이상 흥미를 잃어버리게 된다. 공부를 못하는 아이들의 가장 큰 문제점은 스스로 공부를 못한다고 판단하여 더 이상 하지 않는다는 것이다. 부모들이 꾸준한 관심과 애정을 가져준다면 최상위 학생은 못 되더라도 충분히 우등생 소리는 들을 수 있을 것이다.

물론 부모가 지속해서 아이의 공부에 애정을 쏟는 것은 쉽지 않은 일이다. 야근이다 회식이다 피곤함을 핑계로 아이와의 약속을 지키지 않는 경우가 많다. 그리고 부모를 닮아 머리는 좋은데 노력하지 않는다며 아이의 성실함을 질책한다. 하지만 성실한 아이가 되려면 부모가 성실해야 한다. 아이들은 부모의 행동과 말투 하나하나를 그대로 보고 배우는 거울이기 때문이다.

수많은 육아 책에서 언급하듯이 '아이들 눈높이에 맞게 꾸준한 관심을 가져야 한다.', '아이에게 공부를 강요하지 말고, 부모가 공부하는 모습을 보여 솔선수범해야 한다'고 말한다. 물론 말처럼 쉬운 일은 아니다. 주변에 성공한 사람이 극히 드문 이유도, 그만큼 노력하는 부모가 극히 드물다는 뜻이다. 상위 1% 안에 드는 학생을 만나보기 힘들 듯이 1% 미만 학생의 부모를 만나기도 어려운 일이다. 아이들은 부모와 함께하는 것을 좋아한다. 부모는 책과 교과서를 아이와 같이 보면서 생각이 성장할 수 있도록 도와야 한다. 아이들과 함께 진심으로 고민을 해야 한다. 공부 잘하는 아이가 되길 원한다면, 아이와 함께 공부하면서 아이가 공부에 재미를 느끼게 해야 한다. 아이가 공부를 즐기는 순간, 공부는 놀이가 되는 것이다.

모진 비바람과 눈보라가 있어야 튼실한 나무로 자라난다. 따스한 햇볕만으론 맛있는 과실을 얻을 수 없다. 거센 환경에서 버텨내야 크게 성장할 뿐 아니라 주변 약한 나무를 솎아내어 튼튼한 가지로 자라난다. 역경 없이 지식만 채워 자라난 아이들은 자신만의 세상에 갇힌 몽상가가 되기 쉽다. 한곳을 향해 꾸준히 질주하게 하는 '꿈'이야말로 아이가 뚜렷한 목표를 가지고 성공하게 만드는 원동력이 된다. 부모들은 아이들이 명확한 목표 설정을 할 수 있도록 도와야 할 것이다.

내 둘째 아들, 준영이는 일곱 살이다. 이젠 제법 한글을 잘 읽는다. 1년 넘게 일주일에 한 번 한글 수업을 받아서 그런지 웬만한 글자를 또박또박 읽기 시작했다. 올해 초만 해도 언제 글을 읽을까 걱정했는데 짧은 기간 한글이 확 늘었다. 그래서 지난주부턴 한글 수업에 이어서 수학도 같이 배우게 됐다. 기존에 오셨던 한글 선생님이 수학도 함께 가르쳤다. 원래 준영이는 한글보다 숫자에 관심이 많았다. 선생님이 숙제를 내주어도 수학을 제일 먼저 했다. 얼마 전 수업을 마치고 선생님이 준영이가 수학을 제일 잘한다고 칭찬했다. 수업을 1년 넘게 했지만 칭찬받는 건 아주 드문 일이라 나는 상당히 기뻤다.

준영이가 수업을 받으려면 책과 패드가 필요하다. 책에서 기본적인 이론을 습득하고 패드에 설치돼 있는 앱을 실행하여 복습이나 평가를 받는다. 패드에 설치돼 있는 앱 중에 퍼즐 깨기 형식의 숫자게임이 있다. 각각의 퍼즐을 이어서 더한 숫자와 같은 수의 퍼즐을 누르면 깨지는 방식이었다. 처음엔 단순해서 몇 판은 쉽게 넘어갈 수 있다. 하지만 점점 퍼즐의 숫자가 많아지면서 머리를 많이 써야 했다. 나와 첫째 지율이, 그리고 준영이까지, 모두 세 명이 초집중해서 문제를 푼다. 시간 제한이 있어서 머리와 순발력을 동시에 필요로 한다. 문제를 맞히면 기분 좋은 효과음과 함께 멋진 캐릭터가 나와 축하를 해준다. 준영이는 매번 이 효과음을 따라 하며 즐거워했다. 이 게임의 영향 탓인지 몇 주 만에 준영이는 웬만한 더하기, 빼셈은 마스터했다.

일곱 살 준영이는 TV 보는 것과 게임하는 것을 아주 좋아한다. 부모가 옆에서 제어하지 않으면 안 될 정도다. 아직 실험은 안 해봤지만 먹을 거 안 먹고 하루 이상은 버틸 것 같다. 첫째와 달리 자신이 좋아하는 것에 집착이 아주 강하다. 그래서인지 좋아하는 숫자에 대해 아주 빠른 성장을 보였다. 게임의 형식을 빌리니 그 성장 속도는 압도적으로 빨랐다. 아내에게 준영이가 수학 분야에 천재성을 보인다고 하니 아내는 어이없다는 듯 웃고 만다.

아이들은 장난감이든 과자이든 간에 자신이 좋아하는 것에 어른들보다 솔직하게 표현한다. 그것이 집착처럼 보일 수 있으나 이것을 공부로 풀어내면 굉장한 성과를 낼 수 있다는 것을 준영이를 보며 깨달았다. 아이들이 공부를 못하거나 싫어하는 이유는 아주 간단하다. 공부에 접근하는 방법이 잘못됐기 때문이다. 암기하는 데 급급하고, 당일치기 공부로 시험점수를 위해 공부하면 안 된다. 공부에 흥미를 느껴 계속되는 공부의 몰입으로 자연스레 성적이 오르는 것이다.

흔히들 공부가 인생의 전부가 아니라고 한다. 나도 어른이 되니, 사실 공부를 잘하는 것은 그다지 대단한 일이 아니다. 하지만 중요한 것은 공부를 통해 아이들이 스스로 자기 인생을 생각하며, 해야 할 일이 무엇인지 판단하고 행동할 수 있었으면 한다. 학생의 위치에서 굳이 공부가 아니더라도 자신이 바라는 것을 찾아내고, 그것을 위해 열정과 소신을 지킬 때 미래의 삶을 책임질 수 있을 것이다.

내가 과거의 나를 생각해봐도 이런 진리를 깨우치기까지 인생의 반이란 시간을 허비했다. 내 바람은 사랑스러운 내 아이들만큼은 이 사실을 일찍이 깨우쳐 낭비하는 시간을 조금이라도 줄였으면 한다. 그러기 위해 나는 내 아이들과 대화의 끈을 놓지 않을 것이다.

07

게임하는 아이가 공부머리를 만든다

우리는 아이들이 게임을 많이 하면 머리가 나빠진다는 편견을 갖고 있다. 아이들 손에 핸드폰이 쥐어져 있거나 컴퓨터 앞에 앉아 있는 모습만 봐도 본능적으로 제지하려 한다. 부모들은 '게임'이라 함을 하나로 뭉뚱그려 아이들에게 해를 끼친다고 생각한다. 요즘 아이들에게 인기를 끄는 게임은 주로 두뇌를 많이 사용하기보단 순간의 상황 판단 능력이나 동체 시력이 중요하다.

게임에는 다양한 장르가 있다. 액션 슈팅, 롤플레잉, 전략 시뮬레이션, 스포츠, 보드게임 등, 더 세분화하면 그 수를 헤아리기 힘들 정도다. 그 중 두뇌를 주로 사용하는 게임이 있고, 반대로 인체 능력을 중요시하는 게임이 있다. 아이들은 어떤 장르의 게임에 빠져 있는가가 공부에 영향을 미치는 정도가 달라진다. 특히 온라인에서 친구들이나 익명의 사람들과 함께 하는 액션성이 많은 게임은, 하다 보면 시간 가는 줄 모른다. 이런 게임은 끈끈한 관계로 맺어진 강한 소속감이 있다는 특징 탓에 한번 게임이 시작되면 장시간 매달리게 된다.

과연 아이들이 게임을 많이 하면 머리가 나빠질까? 일반적인 사람들은 머리가 좋다, 나쁘다는 것을 지능(IQ)과 관련이 있다고 여긴다. 흔히 'IQ가 높다'는 것은 '똑똑하다'는 의미로 받아들여지기 때문에 누구나 높은 IQ를 바란다. 그동안 학계에서도 지능이 성적 향상에 중요한 역할을 하는 것이 정설로 돼 있다. 인간은 인간의 똑똑함의 정도를 수치로 표현하기 위해 IQ를 만들었다. 1912년 독일의 심리학자 윌리엄 스턴(William Sterm)이 당시 어린이들의 인지검사에 점수를 매기는 방식으로 고안되어 일상적으로 쓰이게 됐다.

IQ는 지적 능력을 수치화할 수 있는 유용한 과학적 도구이며, 이에 사람들은 IQ 테스트에 열광한다. 또한 범죄자나 사회 부적응자를 찾아내는 하나의 잣대로 IQ 테스트를 활용하기도 했으나 지식인들 사이에선 이것이 합당한가에 대한 이견을 제기하기도 했다. 몇몇 학자들이 인종별로 IQ가 다르다는 주장까지 하자 IQ 논쟁은 더 뜨거워졌다. 이후 IQ에 대한 반감으로 감성지수(EQ), 창조지수(CQ) 등이 등장했지만 IQ에 대한 맹신은 여전히 굳건하다.

IQ를 대중화시킨 곳은 미국이다. 대다수 미국인들에게 IQ 테스트를 하여 사회에 진출 시 개개인의 능력치에 반영하기도 한다. 한때 미국은 자국으로 유입되는 이민자를 제한하는 수단으로도 활용했다. 이민자들에게 IQ 테스트를 하여 기준치에 미달되면 국외로 추방했다. IQ를 이민 기준에 적용한 이후로 전년 대비 추방당한 이민자가 3배 이상 증가했다. 하지만 이는 다른 문화와 언어의 차이일 뿐 이민 자격의 척도로 삼기엔 무리가 있었다.

1914년부터 시작된 제1차 세계대전은 IQ 산업이 급성장한 시기다. 왜냐하면 미국은 참전을 앞둔 병사들의 선발 기준을 IQ로 했기 때문이다. 또한 175만 명 미국 병사들을 대상으로 IQ 측정을 해보았더니, 그 결과 백인이 흑인보다 월등히 높았고, 미국 남부 출신 흑인보다 북부 출신 흑인이 높은 점수가 나왔다. 이를 통해 결국 IQ가 선천적 능력보다 후천적 학습 과정에 의해 결정된다는 것을 짐작할 수 있었다.

그렇다고 지능이 선천적 유전과 아무 관련이 없는 것은 아니다. 하지만 그 차이는 별로 크지 않다. 좋은 유전자를 가지고 태어나도 뇌로 하여금 반복된 학습을 강요하지 않으면 지능은 퇴보할 수밖에 없다. 사냥과 수렵에 의존했던 고대에는 지능이 생존 문제를 해결했다면, 현대에는 복잡하고 불확실한 상황에 대처하는 데에 활용된다. 오늘날 지능은 이 과정에서 상당 부분 바뀐다고 볼 수 있다. 따라서 지능은 학습 능력에 의해 좌지우지된다.

최근 예능 TV를 보다가 '뇌섹남'라는 단어를 보고 피식 웃었다. '뇌가 섹시한 남자'라는 뜻이다. 이제 사람들이 별 단어를 다 만든다고 생각했다. 예전부터 얼굴이나 몸은 성형할 수 있는 대상이었지만, 이제 뇌까지 개선 대상으로 생각하니 웃음이 나왔다. 이 예능 프로그램에 명문대 출신의 유명 연예인들이 나와, 지능을 높이는 문제를 놓고 자신들의 똑똑함을 과시했다. 또 인지 훈련을 통해 지능이 향상될 수 있음을 강조했다. 출연자 중 학생의 다양성과 자율성을 존중하는 학교에 다니며 미국 명문대를 나온 T교수가 있다. 그는 똑똑함이란 궁금한 것에 대한 '갈증'에서부터 나온다고 말했다. T교수는 어릴 적부터 가족과 수많은 질문과 대화를 나누며 궁금증을 해소했다, 자율적인 학교에서 스스로 목표를 세워가며 도전의 경험을 쌓았고, 다양한 예체능 활동들을 하며 책으로 배우기 힘든 또 다른 지식들을 배워나갔다. 그는 새로운 것을 알고 싶어 하는 태도, 그 궁금증이 '똑똑함'의 근원이라 했다.

어찌 보면 당연한 일이다. 더 나은 삶을 살기 위해 궁금증을 갖는 태도는 꼭 필요하다. 궁금증을 가지고 사는 사람은, 어려운 상황이 닥치면 당당히 그것에 맞서 해결하려는 의지 또한 뛰어날 것이다.

현재 우리 아이들은 또래 친구들보다 뛰어나기 위해 공부에 매진하고 있다. 공부 외에 다른 활동을 하려 하거나 게임을 하려고 하면 부모들에게 혼날 각오를 해야 한다. 우리의 교육 현실은 궁금증으로부터 생겨난 공부보다는 억지로 공부하는 학생들이 대부분이다. 우리는 조속히 아이들이 스스로 즐길 수 있는 교육 환경을 만들어줘야 한다.

여느 부모들이 그러하듯 나는 내 아이들이 똑똑해지길 원한다. 그래서 내 아이들은 어려서부터 두뇌 계발에 필요한 학원에 다녔다. 학업에 필요한 학원뿐 아니라 레고, 과학 실험, 로봇 등 여러 곳을 보내왔다. 하지만 가끔 나는 '이런 것들이 아이들 공부머리에 도움이 될까?' 하는 생각을 하곤 한다. 단지 '좋은 대학 진학을 위한 입시 위주의 공부를 하고 있는 건 아닐까?' 하고 걱정한다. 나의 아이들에 대한 많은 기대, 투자 등으로 내 아이들이 겪을 고통이나 스트레스도 고민된다. 그래서 때때로 나는 공부 스트레스를 해소해주는 수단으로 아이들에게 게임하는 것을 허용해준다.

인간의 지능은 크게 고정지능(Crystalized Intelligence)과 유동지능(Fluid Intelligence)으로 나뉜다. 고정지능은 주로 경험, 학습을 통해 축적된 지식과 관련돼 있다. 고정지능은 교육과 문화로부터 학습되기 때문에 개인의 연령과 교육 수준에 비례한다. 따라서 유전적 요인도 있지만 그보다는 후천적인 환경에 더 많은 영향을 받는다.

반면 유동지능은 새롭게 접한 문제를 해결하는 데에 관련이 있다. 유동지능은 지식을 쌓는다고 향상되지 않는다. 이 지능은 결정지능에 비해 유전적인 요인이 강한 편이다. 유동지능은 고정지능보다 신체적 영향을 받는 단순 암기나 순간 지각력, 보편적 추론 능력과 관련이 있다. 마치 컴퓨터의 '메모리 램'과 비슷하게 문제 해결에 필요한 정보를 일시적으로 기억하여 문제에 집중하고, 불필요한 내용을 제거할 때 필요한 지능이다.

눈부신 과학의 발전에도 불구하고 인간의 뇌는 아직도 미지의 영역으로 남아 있다. 인간은 죽을 때까지 사용하는 뇌의 양이 1%도 안 된다고 한다. 대부분의 뇌신경 세포들은 잠에 빠진 것처럼 억제돼 있다. 그런데 게임을 하는 동안 우리의 뇌에 어떤 변화가 일어날까?

10여 년 전 미국의 뇌심리학 연구팀이 지능을 높여주는 게임을 만들었다. 이 기억 훈련 게임을 통해 지능과 문제 해결 능력이 향상됐다고 미국 〈국립과학원회보(PNAS)〉에 발표했다. 놀라운 것은 선천적이라 알려진 유동지능이 게임을 통해 향상됐다는 것이다. 물론 요즘 아이들이 즐겨하는 온라인 게임은 아니지만 게임의 요소를 적극 활용한 두뇌 프로그램이다. 미국 미시간대학에서 70명의 학생을 대상으로 자신들이 개발한 게임을 연습시켰다. 실험 대상자는 이 게임을 하루에 25분 동안 8일에서 19일 동안 연습했다. 그들은 게임을 연습하기 전과 후를 나눠서 IQ 테스트를 받았다. 그 결과 게임을 연습하기 전보다 연습한 후에 현저하게 높은 IQ가 나왔다. 게다가 주목할 점은 더 오랫동안 연습한 실험 대상자일수록 향상된 정도가 컸다는 점이다.

이 실험에서 중요한 점은 지금까지 유전적으로 타고난 유동지능이 훈련에 의해 높아질 수 있다는 것이다. 유동지능은 복잡하고 전문적인 과제를 해결하는 데 필요한 지능이라 알려져 있다. 그동안 경험하지 못했던 새로운 문제를 해결하고 추상적인 개념을 푸는 능력이다. 실제 실험에 참여했던 한 대학생은 이후에 집중력이 향상돼 수업에 긍정적인 영향을 미쳤다고 했다.

한때 전 세계를 주름잡던 일본의 'N 게임회사'가 있다. 이 회사는 내가 어릴 적부터, 아니 그 이전에도 전설적인 게임을 숱하게 만들어왔다. 이 회사에는 게임 업계에 살아 있는 전설인 개발자도 여럿 있다. 매번 혁신적인 아이디어로 게임 업계를 이끌어왔다. 허나 이런 회사도 경쟁사 제품에 밀려 고전한 사례가 있었다. 하지만 얼마 후 '두뇌 트레이닝' 게임을 개발하여 단번에 만회했다. 출시 초기만 해도 부진을 면치 못했으나 지능 계발에 도움이 된다는 입소문이 퍼지며 세계적으로 1억 4,000만 대 이상이 팔렸다. 우선 이런 종류의 게임이 두뇌에 도움이 '된다', '안 된다'를 따지기 이전에 전 세계적으로 두뇌 계발에 대한 관심이 엄청나다는 것은 분명한 사실이었다.

지금 대부분의 국가에서 게임을 통한 교육을 시도하거나 지능 향상을 위한 게임을 연구하고 있다. 게임을 통해 공부를 하거나 지능 향상을 기대하려면 획기적인 콘텐츠와 제반 장비가 필요하다. 하지만 기술이 급속도로 발전하는 것에 비해 그에 따른 장비 개발 속도는 느린 편이다. 아무리 뛰어난 콘텐츠를 구상해도 이를 구현할 장비가 뒷받침되지 않는다면 실제 교육에 적용하기 어렵다. 때문에 정부와 민간 회사의 투자가 절대적으로 필요하다. 훌륭한 소프트웨어가 빛을 발하려면 그에 맞는 환경이 구축돼야 하는 이유다.

게임의 영역은 놀이에서 출발하여 다양한 능력을 필요로 한다. 신체 조절 능력이 뛰어나야 하며, 자신의 감정을 컨트롤해야 하고, 규칙을 이해하는 지능이 있어야 한다. 게임은 이런 다양한 영역의 기능을 발달시키는 역할을 한다. 자연스레 즐기면서 인간에게 필요한 여러 능력들이 발달하게 되는 것이다.

우리의 뇌는 무한에 가까우나 빙산의 일각만 사용하다 죽는다. 우리 아이들의 머릿속에 잠자고 있는 수많은 뇌세포를 일깨워야 한다. 게임이 우리 아이들의 공부머리에 어떤 영향을 미치는가에 대한 의견은 개인마다 다를 수 있다. 하지만 나는 아이들이 어떤 게임을, 어떻게, 얼마나 즐기는가에 따라 많이 달라질 것으로 생각한다. 그러기 위해선 부모들, 더 나아가 우리 사회가 게임에 대한 꾸준한 관심과 지원을 아끼지 말아야 할 것이다.

08

게임이 지닌 가치를 적극적으로 활용하자

근래에 들어와 주식 시장에서 '공모주 청약'에 대한 관심이 그 어느 때보다 커지고 있다. 바이오, 엔터테인먼트, 게임 분야의 기업들이 '공모주 청약' 방식으로 높은 수익률을 기록하고 있다. '공모주 청약'은 기업이 증권 시장에 상장을 시도할 때 일반인에게도 청약을 받아 주식을 배정하는 것이다.

K팝의 역사를 새로 쓰고 있는 그룹 방탄소년단은 미국 빌보드 메인 앨범 차트 1위를 몇 번이나 차지했다. BTS 예술 혁명이라 불리는 '방탄 현상'은 전 세계적으로 사회, 문화적으로 엄청난 영향을 미치며 대중으로 하여금 음악에 대한 태도를 바뀌게끔 했다. 방탄소년단 소속사 '빅히트

엔터테인먼트'도 공모주 상장을 통해 화려하게 주식 시장에 입성했고, 그로 인해 막대한 경제적 이익을 얻었다. 한국의 단일 아이돌 그룹이 세계 무대에서 경제적, 문화적으로 대단한 파급력을 끼칠 수 있었다는 것은 실로 놀라운 일이다.

몇 번의 대형 기업들이 공모주를 통해 그야말로 대박을 친 상황에서 게임 플랫폼 대표 'K회사'에서도 공모주 청약을 모집했다. 그런데 코스닥 상장을 앞두고 일반인 청약 경쟁률이 무려 1,500대 1에 달한 것으로 나왔다. 청약 증거금도 59조 원에 육박하며 사상 최대의 기록을 갈아 치웠다. 또 증권시장에서 상위를 차지하는 기업 중 쟁쟁한 유수의 대기업을 제치고 게임 업체들이 상당 부분 자리 잡고 있다.

사실 국내 게임 산업은 과소평가된 분야 중 하나다. 하지만 내수시장 성장과 수출의 증가로 최근 각광 받는 음악 산업의 수출액보다 10배 이상 크다. 또한 정부도 게임 산업을 4차 산업혁명 시대를 이끄는 새로운 혁신성장 동력으로 집중해서 육성하기로 했다. 이처럼 게임이 우리 사회에서 차지하는 산업적 위치는 의료, 교육에 못지않게 중요한 역할을 하고 있으며 미래의 전망도 대단히 밝다. 시간이 흐름에 따라 사람들은 게임을 더 친숙하게 여길 것이고, 즐기면서 살아갈 것이다. 영화나 음악처럼 대중문화로 자리를 잡는 중이다. 게다가 비대면 시대의 도래로 게임이야말로 우리가 키우고 다듬어야 할 귀중한 자산이며, 치열한 세계시장에서 당당히 맞서 싸울 강력한 콘텐츠가 될 것이다.

나는 게임회사 근무 시절 점심시간이 되면 팀을 짜서 게임을 자주 했다. 그래서 게임을 좀 더 오래 하기 위해 식사를 빨리 하는 편이었다. 식사를 마친 직장 동료들은 삼삼오오 모여, 하고 싶은 게임을 서로 편을 나눠서 했다. 동료들과 몰입하여 한두 판 게임을 하는 것은 하루 일과의 활력소였다. 게임 개발자들 사이에선 게임을 잘하면 게임에 대해 잘 알 거라는 선입견 때문에 은연중에 게임을 잘하지 못하면 무시하는 경향이 있다. 가끔 이것 때문에 스트레스를 받는 경우도 종종 있다. 일반 회사에서는 정말 낯선 풍경일 수 있지만 게임회사에선 흔히 볼 수 있는 모습이다.

신입사원 면접을 볼 때 항상 단골로 나오는 질문은 어떤 게임을 좋아하는지, 어떤 장르의 게임을 잘하는지 물어본다. 그 이유는 게임 개발에 있어서 개개인의 기획적인 참여가 중요하기 때문이다. 기획 회의에서 주로 나오는 이슈는 경쟁사의 게임 분석과 시대 흐름에 맞는 시장성 파악이다. 원활한 회의 진행과 프로젝트의 기여도를 높이려면 여러 게임에 대한 지식이 필요하다. 단지 게임을 즐기는 입장과 실제 구현하는 개발자 입장은 상당한 차이가 있다.

실제 프로게이머에서 게임 개발자로 전향한 한 개발자는 "현재 개발자로서 프로게이머 경력이 도움이 될 때가 있나요?"의 질문에 그는 "게임을 실제 구현하는 입장에서는 큰 도움이 되지 않습니다. 하지만 팀웍이 중요한 게임 개발에서 게임을 잘 안다면 더 좋은 방향으로 제안을 할 수 있고, 함께 만들어가는 과정에서 분명 도움이 된다고 생각합니다."라고 말했다. 당연히 의류회사는 옷을 잘 알아야 하고 건설회사에서는 집을 잘 알아야 한다. 그 분야에서 인정을 받거나 최고가 되려면 그 분야에 박식해야 하고 그 지식은 당사자의 관심과 열정에서 비롯된다. 그렇기 때문에 게임회사의 면접관들은 신입사원에게 어떤 게임을 즐겨 하는지에 대한 질문을 항상 빼놓지 않고 하는 것이다.

게임회사에서 회사 동료와 게임을 같이 한다는 건 주어진 시간의 유희도 있지만 사회적 친밀감을 높이는 데 중요한 역할을 한다. 다른 분야의 회사에선 술자리나 취미활동을 공유하며 가까워질 수 있으나, 게임회사는 일의 연장선상에 있는 게임을 같이 하며 서로를 이해해간다. 심지어 게임을 함께 하다 보면 상대의 장단점까지 파악할 수 있다. 공격적인 성향인지 참을성이 있는지, 남을 배려하는지 등 인간 본연의 모습이 몰입하는 과정에서 거침없이 드러난다. 게임의 세계에 몰입하면 직급에 상관없이 동등한 위치에서 서로의 역할에 빠져들기 때문에 평소보다 솔직한 모습이 나타날 수밖에 없다. 우리는 이렇게 게임을 함께 하며, 자신들도 모르게 게임의 사회적 가치를 체험하고 있었다.

요즘 게임 콘텐츠를 활용해 사회적 가치를 도입하는 시도가 잇따르고 있다. 게임 이용자에게 게임을 즐기면서 자연스레 사회적 메시지와 교감을 유도하는 것이다. 이런 장르의 게임을 '임팩트 게임'이라 한다. 소셜 임팩트(Social Impact)와 게임(Game)을 결합한 신조어다. 예를 들면 전쟁의 참상을 다룬다거나, 독재정권을 규탄하는 내용을 게임에 담아 사용자들에게 메시지를 전달하는 것이다. 따라서 임팩트 게임은 스토리텔링이 핵심이다. 전하고자 하는 메시지를 이야기로 잘 풀어내야 사용자에게 호응을 얻을 수 있기 때문이다.

과거에도 사회적 이슈를 주제로 게임을 만드는 시도가 있었으나 일부 분야에만 집중되고, 재미 요소가 부족하여 흥행에 실패한 사례가 많다. 물론 사회적 메시지와 게임의 재미, 두 가지를 모두 만족시키는 것은 쉽지 않다. 하지만 국내나 해외에서 드물게 성공한 경우가 생기면서 임팩트 게임이 주목받기 시작했다. 게임이 지닌 강한 몰입감으로 사회적 메시지를 쉽게 전달할 수 있고 그로 인해 문제 해결의 고민을 스스로 유도하게 만든다.

이처럼 게임 콘텐츠의 방향성이 경제적 논리에만 국한되면 게임이 지니고 있는 가치가 협소해진다. 돈을 벌기 위한 게임은 물론 교육, 의료 등 게임이 할 수 있는 범위 내에서 확장해야 한다. 거기에 사회적 메시지를 전달하는 '임팩트 게임'의 시도는 앞으로 게임이 나가야 할 좋은 방향이 될 것이다.

게임은 이제 다채로운 콘텐츠와 융합되어 하나의 문화로 자리매김하고 있다. 대표적으로 E스포츠가 생겨났고, 게임 음악과 클래식 음악의 콜라보로 새로운 장르를 개척하고 있다. 또한 국내 몇몇 대형 개발사들은 게임의 문화적 위상을 높이기 위해 다양한 비영리 활동을 하고 있다.

여러 분야의 사람들과 협업하여 게임과 예술을 접목한 콘텐츠를 만들어 가며, 게임 문화예술의 가치를 높이는 데 앞장서고 있는 것이다.

게임은 다양한 기술이 필요한 분야다. 미술, 음악, 영상, 스토리 등이 어우러져 만들어지는 종합예술이다. 이윤 추구를 목적으로 예술을 지향한다. 또한 정부는 차세대 먹거리 산업으로 적극 지원에 나서며 그동안 게임을 부정적으로 보는 시선 또한 점차 바뀌는 추세다. 이에 발맞추어 게임 업계의 큰 형님격인 'N사'는 게임의 예술을 오프라인 전시장에서 젊은 예술가들을 후원할 목적으로 작품 활동에 참여했다. 게임 업체와 예술가가 만나서 미래의 예술 가치를 창출한 것이다. 게다가 오프라인 예술 활동을 통해 기업과 게임을 동시에 홍보할 수 있으니 일석이조의 효과를 누릴 수 있다.

예술의 본질은 어떤 것에 구애받지 않고, 자유로운 발상을 통해 새로운 작품을 창조해나가는 것이다. 이런 의미에서 게임과 예술이 만나면 우리가 상상할 수 없는 새로운 가능성이 열리게 된다. 따라서 국내 게임사들의 게임과 문화의 경계를 허무는 다양한 시도는 장차 대한민국 게임 산업의 새로운 청사진이 될 것이다.

이전부터 여러 게임 개발자가 교육 분야와의 접점을 넓히기 위한 시도를 해왔다. 기능성 게임이나 스마트 교육을 정규 교과에도 적용하는 등 IT 강국에 걸맞게 꾸준히 계발해오고 있다. 유치원을 다니는 내 둘째 아이와 초등학교 5학년인 첫째 아이도 게임을 활용한 교육에 적극적이다.

일곱 살 둘째는 한글과 수학을 배우는 데 있어서 기능성 게임이 탁월한 학습 수단이다. 특히 처음 한글을 배울 때는 지속적인 반복 학습이 중요하다. 하지만 7세 아이에게는 흥미가 없는 반복 학습은 너무도 지겨운 공부가 된다. 단 5분의 집중도 쉽지 않은 아이에게 교육용 게임을 활용하면 꽤 장시간 동안 집중해 공부하는 것을 볼 수 있다.

게임은 재미를 통한 상호작용으로 지루할 틈을 주지 않는다. 게임은 공부의 성과를 빠르게 나타낼 뿐 아니라 공부에 대한 관심도를 높여준다. 첫째 아이는 학년이 올라갈수록 교육용 게임보단 정규 교과나 학원 교재 위주로 공부한다. 고학년으로 갈수록 공부 수준이 올라가 교육용 게임으로 학습하기엔 무리가 있다. 대개 학교 수업과 학원 강의를 듣고 나면, 책과 '인강'(인터넷 강의) 위주로 공부한다. 아직까지 교육용 게임은 학습의 보조 수단으로만 활용되고 있다. 대중적으로 성공한 수준 높은 교육용 게임이 거의 없다. 교육용 게임은 게임 업체에서 바라보면 수익성이 너무 떨어지는 분야다. 단기간에 성과를 내기 어렵고 오랜 기간 노력과 투자를 해야만 결실을 볼 수 있는 분야다. 앞으론 정부와 민간 기업들이 나서서 교육 분야에 다양한 시도와 실질적 지원을 아끼지 말아야 한다. 교육용 게임은 수준 높은 교육 수단의 현실적 대안이 될 수 있다. 공부와 게임이 잘만 어우러진다면 아이들에게 엄청난 교육 수단이 될 것이 분명하다.

게임은 아이들이 즐거운 상상을 마음껏 펼칠 수 있는 하나의 무대다. 아이들은 언제나 새로운 즐거움을 추구하며 그것을 찾기 위해 게임을 하는 것이다. 게임은 친구들과 새로운 모험을 즐기며 신개념 놀이로써 발전해왔다. 우리는 게임에서 숨은 장점을 찾아내 발전시켜야 한다. 게임에 내재된 가치는 무궁무진하다. 산업적인 면이나 사회적, 문화적 가치를 재발견하여 성장시킨다면 경제, 사회적으로 엄청난 영향력을 행사할 것이다.

다가올 미래에는 더 혁신적이며 굉장한 기술들로 인해 게임 산업은 눈부시게 발전할 것이다. 또한 게임이 지닌 가치를 이해하고 적극적으로 활용해야 한다. 자유로운 생각과 다양한 문화가 만나서, 게임의 경계를 넓히고 새로운 가치를 만들어내야 할 것이다.

09

내 아이는 게임처럼 공부한다

'내 아이가 스스로 게임을 하고 있다. 아이의 게임 속 캐릭터 레벨이 쑥쑥 올라간다. 점점 재밌어진다. 조금만 더 노력하면 최고 레벨을 찍는다.'

'내 아이가 억지로 공부를 하고 있다. 성적이 잘 오르지 않는다. 가끔 성적이 올라도 부모님은 칭찬 한마디가 없다. 공부와는 점점 더 멀어진다.'

'나는 내 아이가 공부도 게임같이 오래도록 즐기면서 하길 바란다. 진정 원하는 눈빛으로 공부하길 바란다. 차근차근 한 계단씩 올라가는 성

취감을 느끼며 천천히 성장하길, 부모로서 간절히 바란다.'

내 아이들이 게임하고 있을 때의 눈을 보면 평소와 다르다. 강렬한 에너지가 느껴진다. 마치 레이저라도 발산할 것 같다. 내 아이들이 공부할 때의 눈과 사뭇 다름을 느낀다. 자세 또한 확연히 다르다. 화상 수업을 할 때 의자에 앉아 있는 모습은 말린 오징어 같다. 온몸을 배배 꼬고 앉아서는 자주 두리번거린다. 하지만 게임할 때의 자세는 처음 취한 모습에서 큰 차이를 보이지 않는다. 자기들만의 자세로 변함없이 게임을 즐긴다.

나는 아이들이 게임하는 모습을 보면 '공부를 게임처럼 재밌게 할 수 없을까?' 하는 생각을 하게 된다. 그러면 아이에게 잔소리할 필요도 없고 싸울 일도 없을 것 같아서다. 평소 아이에게 게임을 그만하라 외치지만 '공부 좀 그만해!'라고 한 적은 한 번도 없다. 모든 부모라면 반대의 경우가 되길 원할 것이다.

공부와 게임은 시간과 노력을 투자한다는 점이 일맥상통한다. 그런데 '왜 공부는 귀찮고 힘든데, 반면 게임은 재밌고 쉽게 느껴지는 걸까?' 부단한 노력 없이 공부를 잘할 순 없겠지만 그래도 공부를 좀 더 재밌게 할 수 있는 방법은 있을 것이다.

우리가 어떤 시험에 합격하기 위해 짧게는 수개월에서 많게는 몇 년의 시간을 투자한다. 하지만 게임의 최종 레벨에 도달하는 데는 몇 주면 아니, 며칠이면 가능하다. 최종 목표가 너무 멀리 느껴지면 중도에 포기하거나 의욕이 상실되기 마련이다. 최대한 목표를 짧게 잡고 지치지 않게 하는 것이 중요하다. 예를 들어 최종 시험까지 1년 분량의 공부가 남았다면 1개월 분량으로 쪼개서 목표 달성을 해야 한다. 한 달도 길게 느껴진다면 1주일, 하루, 1시간 단위로 나눠 자신의 성향에 맞는 기간을 정해 계속적으로 목표를 세워야 한다.

손에 닿을 듯한 목표를 정해야 아이들이 공부에 질리지 않고 지속할 수 있다. 짧게 목표를 설정하면 빠른 성취감을 느낄 수 있다. 한 권의 문제집을 다 풀거나, 한 단원을 마무리했을 때의 기쁨을 자주 맛봐야 한다. 그리고 목표 달성 시 소소한 보상이라도 빼놓지 말아야 한다. 좋아하는 떡볶이를 먹는다든지, 게임을 잠깐 즐기든지 하는 것으로 자신에게 즉각적인 피드백을 줘야 한다. 이런 피드백을 주다 보면 공부가 지겹지 않고 마치 재밌는 운동이나 게임처럼 즐길 수 있게 된다.

공부는 게임에 비해 머리를 많이 써야 한다. 오랜 시간 두뇌 회전을 시키다 보면 쉽게 지치고 힘들다. 아이들이 집중하는 시간을 확실히 할애했다면 일정 시간 휴식을 취해야 한다. 집중하는 시간을 확보하려면 공부하는 사이마다 휴식을 취하는 것이 매우 중요하다. 결국 그 아이에 맞는 목표를 설정한 후 그것에 매진하여 단기적 성취감을 얻고 즉각적인 피드백을 준다면, 좀 더 게임처럼 재밌게 공부할 수 있을 것이다.

물론 어린아이일수록 부모의 관심이 반드시 필요하다. 목표를 설정할 때부터 구체적으로 잡아줘야 한다. 대부분의 게임은 특정 조건을 갖추게 되면 성장, 발전하는 시스템이다. 시간을 들여 노력하면 쉽게 단계가 올라 성취도를 높인다. 공부도 이와 같이 쉽게 이룰 수 있는 목표를 정해야 한다. 공부의 양과 난이도를 낮게 설정하여 공부하면 실천하는 데 그다지 어렵지 않다. 공부에서 중요한 점은 '성취감'이다. 아이들은 실천 가능한 목표를 정해 지속해서 성공을 경험하다 보면 재미가 생겨 다음 목표에 도전하고 싶어지는 것이다.

내 아이가 평소 교육용 게임하는 걸 지켜보면 그 과목의 성과를 한눈에 볼 수 있다. 낮은 단계부터 높은 순으로 정리가 잘되어 있고 문제 해결 시 즉각적인 피드백을 준다. 한 레벨을 깰 때마다 화려한 이펙트와 음향 효과로 아이에게 즐거움을 선사한다. 한 스테이지가 끝나면 그 결과를 한 번에 볼 수 있고, 그간의 노력에 뿌듯해한다. 꾸준히 쌓여가는 점수를 눈으로 확인하는 것은 게임의 또 다른 재미이다.

공부에서도 단기 목표를 점수표로 만들어 그날 푼 문제와 이전에 푼 문제를 누적하여 수치화하면 성취감이 배가된다. 또한 스스로 순위와 점수를 막대 그래프와 같이 시각화한다면 목표가 더 분명해진다. 이처럼 자신의 성적을 쉽게 확인함으로써 학습 효과를 향상할 수 있게 되는 것이다.

게임 역시 주변 친구들보다 잘하지 못하면 재미가 없다. 그 게임을 잘하기 위한 전략과 노력이 수반돼야 게임이 재밌어진다. 공부도 원리를 모르면 시간만 투자하고 삽질을 할 수 있다. 그러면서 성적이 잘 안 오르고 흥미를 잃어버린다. 성적이 오르는 것을 자주 접해야 게임처럼 재미가 생기는 것이다. 게임을 잘하는 사람도 처음 도전하는 미션에 오래 걸리고 어려움을 느낀다. 하지만 전략적인 사고와 반복적인 시도로 미션을 완성할 수 있다.

특히 역할수행게임(RPG)에서 반복적 행위를 요구한다. 일명 '노가다'라는 반복적인 시도로 성장하는 구조다. 아이들 공부에 이 방법을 적용할 수 있다. 게임의 미션 수행처럼 수학 문제를 시간을 정해 반복적으로 풀게 한다. 처음엔 오래 걸려 문제를 풀겠지만 정답과 오답을 분류하여 틀린 문제 위주로 반복적으로 푼다면 성적 향상에 큰 도움이 될 것이다. 아이들의 뇌는 이런 게임 법칙에 의해 기억력을 높일 수 있는 것이다.

아이들이 게임에서 미션을 성공했다면 당연히 보상을 받게 된다. 그 보상은 다양한 형태로 지급된다. 게임 속 새로운 캐릭터일 수 있고, 능력치를 올려 주는 물약이거나 게임머니로 줄 수 있다. 아이들은 더 좋은 보상을 얻기 위해 계속 게임하게 된다. 공부에서도 정해놓은 목표를 달성했을 때 적절한 보상이 필요하다. 어떻게 보면 보상을 얻기 위해 이 모든 행위를 한다고 봐도 무방하다. 때문에 어떤 것으로 어떻게 보상할지는 대단히 중요한 사항이다.

부모들은 아이들의 노력에 대해 어떤 보상을 할지 고심해야 한다. 채찍보다 당근의 역할이 훨씬 중요하다. 내 아이의 특성을 고려하여 당근을 내밀어야 한다. 평소 아이들과의 속 깊은 대화를 통해 무엇을 원하고, 하고 싶은 것이 뭔지를 파악해야 한다. 내 첫째 아이는 성적이 오르거나 자신이 정한 목표를 달성하면 주로 게임하는 것으로 보상한다. 왜냐하면 그것이 가장 만족스럽고 효과적인 보상이기 때문이다. 둘째 아이는 7세 나이에 걸맞게 맛있는 음식이나 함께 놀아주는 것으로 보상한다. 이처럼 나이와 성향을 고려한 보상은 동기 부여에 있어서 정말 중요한 요소다.

아이들이 커가는 과정에서 놀이가 자치하는 비중이 크다는 것은 누구도 부인할 수 없다. 아이들은 또래 친구들과 어울려 놀면서 사회성을 키운다. 아이들에게는 놀이하는 것이 공부다. 심리학자들은 아이들이 일상생활에서보다 어울려 놀 때 훨씬 많은 어휘와 복잡한 문법을 사용한다고 한다. 게임은 많은 부분에 있어 이런 놀이를 게임으로 옮겨놓았다. 이 때문에 아이들이 게임에 죽고 못 사는 것이다.

게임 개발과 관련 있는 사람이라면 래프 코스터(Raphael Koster)의 『재미이론』라는 책을 한 번쯤은 들어봤을 것이다. 그는 '울티마 온라인' 게임의 리드 디자이너와 '스타 워즈 갤럭시즈'의 크리에이티브 디렉터 역을 맡았다. 오랫동안 게임 제작에 참여하며 게임의 근간이라 할 수 있는 '재미'에 대한 관점을 본인만의 색깔로 진솔하게 표현하고 있다.

이 책에는 아이들이 놀이나 게임을 재밌어하는 이유는 생존 기술을 익히기 위한 진화의 결과라고 말한다. 말하자면 진화심리학에 의해 생존에 관련된 것을 기피하면 진화 과정에서 도태되고, 생존에 적극적인 사람들이 살아남음으로써 지금에 이르게 됐다고 말한다. 그러므로 아이들이 빠지는 게임들을 들여다보면 모두 생존 기술과 관련돼 있다. 하다못해 바둑이나 체스도 결국 적을 죽여야 끝이 나는 것처럼 말이다. 즉 게임의 재미는 생존 기술을 익히고 연마하여 얻는 쾌감에서 비롯되는 것이다. 곰곰이 생각해보면 우리의 삶도 마찬가지다. 이 시대 사람들이 목숨 걸고 공부하거나 미친 듯이 일하는 것은 결국 생존을 위해 매진하는 것이다.

또한 이 책에서는 재미를 느끼려면, 새롭게 배우는 과정이 필요하다고 말한다. 인간이란 본래 학습을 통해 많은 부분 재미를 얻기 때문이다. 게임이 재밌게 진행되기 위해선 게임 개발자의 의도에 맞는 학습이 필요하다. 아이들은 그 배움을 통해 게임에 깊이 빠져들게 된다.

공부와 게임은 학습을 한다는 것에 공통점이 있다. 또한 게임과 공부는 학습을 통해 재미를 느낀다. 공부는 배움 그 자체를 의미하며, 게임은 배울 점이 너무 많은 공룡이다. 하지만 게임의 역사는 공룡에 비해 너무

짧다. 그래서 아직까지 우리 사회는 게임의 본질을 폄하하고 있다. 시간이 흐를수록 게임은 그 가치를 인정받을 것이다. 지금 우리가 보는 '게임'은 아직 알에서 깨지도 않은 무언가의 공룡일 수 있다. 그 무언가가 초식공룡일지 '티라노사우루스'와 같은 육식 공룡일지는 우리의 선택에 달려 있다.

4장

게임 잘하는 아이가 공부도 잘한다

01

내 아이 입장에서 게임을 바라보라

'한 치 앞도 모두 몰라 다 안다면 재미없지.'라는 어느 노래 가사처럼 현재 나의 삶이 그렇게 느껴지는 걸 왜일까? 오랜 시간 게임 업계에 종사하다가 자영업과 아이들의 육아를 병행하면서 느끼는 생각이다. 처음엔 자주 못 보던 아빠가 집에 있으니 아이들이 엄청 좋아했다. 특히 아이들과 보내는 요 몇 년 사이에 코로나19라는 복병으로 인해 더욱 내 아이들과 보내는 시간이 많아졌다. 바쁜 직장 생활로 아이들과 어색했던 중년의 아빠가 급작스럽게 집에 머무는 시간이 많아지면서 아이들과 데면데면하게 됐다. 육아 초기엔 막막한 심정마저 들었다.

어색한 시간이 몇 달 지나고 아이들과 조금씩 가까워졌다. 나는 날마다 아이들의 매 끼니를 챙기면서 학교와 유치원에서 있었던 일에 대해 물어보곤 한다. 그리고 아이들이 형식적으로 대답하던 '응'에서 나중엔 그 '응'에 대한 이유를 늘어놓았다. 그것으로 내 아이들과 조금 가까워졌음을 느꼈다. 요즘 아이들은 나 때와 다르게 아빠와 스스럼없이 지내는 편이다. 예전 가부장적인 문화는 많이 없어졌다. 우리 땐 식사할 때 아버지보다 먼저 숟가락을 들면 혼났다. 지금 내 아이들에 이런 말을 하면 '꼰대' 소릴 듣는다.

내가 직장 다닐 땐 집안일과 육아를 하는 것이 그렇게 힘든 일인 줄 몰랐다. 지나서 생각해보면 아내가 출산 후 신경이 날카롭고 짜증 내는 경우가 많았다. 그땐 육아와 살림을 병행하는 것을 대수롭지 않게 여겼다. 나 역시 회사일로 바쁘고 힘들다며 아내와 자주 다퉜다. 직접 아이를 키워보니 엄마들이 출산 후 왜 우울증에 걸리는지, 그 이유를 알게 됐다. 요즘은 맞벌이 부부가 많아지면서 엄마의 독박육아는 사회적 문제로 대두되고 있다. 이런 이유로 우리나라 출산율이 세계 최하위를 벗어나지 못하는 것이다.

육아는 엄마 혼자의 몫이 아니라 부부가 함께 해야 한다. 아이들은 엄마의 사랑 못지않게 아빠의 사랑도 듬뿍 받고 자라야 한다. 직장 다닐 때와 다르게, 자영업을 시작하고 아이 육아를 해보니 여러모로 좋은 점이 많다. 특히 예전엔 엄마의 관심 위주로 크던 아이들이 아빠와 가까워지니 훨씬 더 활달해지고 적극적으로 바뀐 것 같다. 몸으로 하는 놀이나 운동을 함으로써 두 명의 사내아이들은 아빠의 존재를 깨닫기 시작했다.

그래도 평소 운동을 좋아하던 나는 체력적으로 문제가 없을 줄 알았다. 하지만 육아를 시작하며 몇 달이 지나니 체력적인 한계에 부딪혔다. 체중이 대략 3~4킬로그램은 줄었다. 또 아이들과 지내다 보면 '부처님'의 마음으로 참을 '인' 자 세 개는 마음속에 담고 지내야 한다. '내 아이니깐.' 하고 사랑스럽게 느끼다가도 수시로 '욱' 하는 마음이 치밀어 오를 때가 많다. 이럴 때 나를 다스리지 못하면 아이들에게 상처를 줄 수 있다. 그렇게 되면 아이들과 점점 멀어지게 되고, 아이들의 마음이 닫히게 되는 것이다.

나는 육아가 처음이다 보니 인터넷 카페에서 유용한 정보를 얻었다. 현실적이고 담백한 카페의 글을 참고하며 초보 육아 아빠의 고민을 많이 덜 수 있었다. 비슷한 처지에 있는 아빠들과 소통하니 막막했던 심정이 다소 사라지고 자신감이 붙었다. 도서관에서 육아 관련 서적을 훑어봐도 다들 고수들 얘기 일색이라 나로선 대부분 공감되질 않았다. 누구나 육아 초기 땐 서투르고 시행착오를 많이 겪는다. 아이들도 잘 따라주지 않고 변화하는 모습도 보이지 않는다. 하지만 아이들을 향한 사랑이 변함없이 꾸준하다면, 아이들은 마음의 문을 열 것이다.

육아와 살림을 하면서 아침에 일어나면 제일 먼저 요가를 한다. 인터넷에서 유명 강사를 보고 따라 배웠다. 원래 활동량이 많은 운동을 좋아했지만 육아를 하면서 따로 시간을 내기 쉽지 않아 집에서 요가를 하게 됐다. 아침마다 약 30분 동안 여러 가지 요가 동작을 취한다. 처음 시작할 땐 몸이 마음처럼 움직이지 않았다. 나이도 있고 오랫동안 몸이 굳어져서 팔, 다리를 꺾으려면 '악' 소리가 나왔다. 지금은 웬만한 고급 동작도 무리 없이 한다. 하루라도 하지 않으면 좀이 쑤신다. 마지막 동작으로 물구나무서기를 하는데, 그제야 일어난 7세 막내가 내 옆에서 따라 하다 넘어지곤 한다.

주말에 나는 아이들과 함께 게임을 즐긴다. 종류는 다양하다. 굳이 핸드폰이나 PC게임에 국한하지 않고 보드게임, 레고, 퍼즐 등 여러 가지를 하며 논다. 또한 딱지치기, 자치기, 윷놀이, 씨름과 같은 전통놀이도 섞어가며 한다. 아이들이 아빠와 놀기 좋아하는 것들은 대부분 몸으로 하는 놀이다. 온라인 게임은 아빠와 같이 하자고 하면 재미없다고 잘 끼워주지 않는다. 게임 개발자 출신으로선 굴욕적인 일이다. "내가 예전에 게임을 만들던 제작자였어!"라고 말하면 아이들은 코웃음을 친다. 하긴 이제 동체시력도 떨어지고 손도 느려져 초등학생인 첫째 아이에게도 무시당할 나이가 됐다. 그래도 몇 판은 게임을 같이하며 아이들과 게임으로 공감대를 형성하려 애쓴다.

우리나라 아이들은 입시 위주의 교육으로 스트레스를 많이 받고 있다. 중, 고등학생들은 보통 하루 10시간 이상 학교 수업과 과외수업을 받는다. 또 집에 오면 밀린 숙제와 예습, 복습으로 잠잘 시간도 부족하다. 그래서 잠깐의 휴식과 식사시간을 제외하곤 스스로 자유롭게 쓰는 시간은 거의 없다. 부모인 나로서도 아이들이 불쌍해 보이지만 어쩔 수 없다고 생각하는 편이다. 치열한 경쟁을 요구하는 현 사회와 입시 위주의 교육 현실에 무기력함을 느낀다. 그래서 입시 위주의 교과목 외에 피아노, 미술, 운동 등의 수업을 들을 수 있게 여러 군데를 알아보기도 했다. 하지만 그런 학원도 많지 않고 중요한 건 아이가 정규 교과 관련 수업 때문에 시간을 뺄 수가 없다는 것이다. 아이들을 위해 할 수 있는 게 없다는 것이 한심하단 생각마저 들었다.

아이들은 주말이라도 의미가 있는 휴식을 취해야 한다. 물론 평일에도 효율적인 시간 안배를 통해 적절한 휴식이 필요하다. 휴식은 집중을 위한 과정이다. 하지만 안타깝게도 많은 아이들은 어떻게 쉬어야 하는지, 뭘 해야 할지 잘 모른다. 고작 하는 것이 게임이나 동영상 시청이다. 몇 시간 동안 컴퓨터나 손바닥만 한 스마트폰에 시선을 고정시킨다. 앉은 상태로 일어나지도 않고, 심지어 눈 깜빡거림도 없이 하루 종일 게임에 빠지기도 한다. 이쯤 되면 휴식이 아니라 노동이다. 휴식의 효과를 거두기 어렵다. 휴식을 취했는데도 더 지친 느낌이다.

휴식이 되려면 중독성이 강한 게임은 피해야 한다. 오랫동안 캐릭터를 키워야 하는 장르의 게임은 중간에 멈추면 계속 생각나거나 찜찜한 느낌을 받는다. 다음 날 공부하는 데에 지장을 준다. 최대한 단판의 재미를 느끼고 짧게 여러 번 즐길 수 있는 게임은 아이들에게 활력소가 될 수 있다. 아이들끼리 소통하며 한두 시간 짜릿한 승부를 맛보면, 일주일간 쌓인 학업 스트레스가 한방에 날아간다. 이런 의미에서의 게임은 아이들에게 꼭 필요한 것이다.

부모는 아이들이 즐기는 게임에 대해 관심을 가져야 한다. 어떤 종류의 게임을 하는지 한 번 게임에 빠지면 몇 시간을 지속하는지 면밀히 관찰할 필요가 있다. 그냥 열심히 공부했으니 게임을 시켜준다는 생각은 오히려 아이들에게 휴식이 아닌 독이 될 수 있기 때문이다. 부모와 같이 게임을 즐긴다면 금상첨화겠지만 현실적으로 쉽지 않다. 차라리 온라인 게임하는 시간을 제외하고 아이들과 몸을 쓰며 할 수 있는 게임이나 놀이를 추천한다. 이런 것을 통해 부모들은 아이들과 유대감도 쌓이고 속마음을 터놓고 얘기할 수 있는 친밀한 사이가 될 수 있다.

누가 뭐라 해도 가장 좋은 휴식은 잠과 운동이다. 평일에 잠과 운동을 적절히 안배하면 공부에 큰 도움이 된다. 잠을 자면 과도하게 사용한 뇌의 스트레스와 긴장을 해소할 수 있다. 또한 운동은 장시간의 공부로 인해 경직된 관절과 근육을 풀어주고, 혈액순환에 도움을 줘서 두뇌 회전이 빠르게 해준다. 아이들은 학업으로 바쁜 평일에는 잠깐이라도 운동하길 권한다. 공부는 마라톤과 같기에 시작부터 끝까지 죽어라 뛰는 것은 불가능하다. 공부할 때와 쉴 때를 잘 구분하여 꾸준히 나아가는 것이 핵심이다.

요즘 아이들은 열 명 중 아홉이 게임을 즐긴다. 특히 스마트폰이 일반화되면서 그 수는 급증했다. 대수롭게 대하기엔 아이들의 일상이 되어버린 게임은 선택이 아닌 필수적인 문화가 됐다. 나의 어린 시절 동네에 있던 오락실에는 '지능 계발'이라는 간판을 걸고 당시 아이들을 유혹했다. 그곳에 가면 시끄러운 전자기기 소리에 귀가 따가웠지만 이상하게도 마음이 편해졌다. 돈이 없어도 학교를 마치면 여지없이 오락실에 들렀다. 구경하는 것만으로도 대리만족을 느꼈던 것 같다. 게임의 변천사는 현재 부모들과 함께 해왔다. 시간이 많이 흘렀지만 그것을 잊어선 안 된다. 부모들은 '게임 그만하고 공부해!'라고 말하기 전에 그 옛날 오락실에 들락거리던 때를 떠올려봐야 한다. 그때의 그 감정을 지금 아이들의 마음으로 바라봐야 할 것이다.

게임은 아이들이 좋아할 만한 것들로 가득한 종합 선물세트다. 예쁜 캐릭터가 있고, 기분 좋게 만드는 노래가 나오며, 재밌는 이야기로 넘쳐난다. 그곳에선 마음이 통하는 친구들과 상상의 나래를 마음껏 펼칠 수 있다. 학업으로 억눌린 우리 아이들에게 '게임'이란 친구는 절대적으로 필요한 존재다. 게임은 '양날의 검'과 같다. 어떻게 활용하느냐에 따라 해가 되거나 득이 될 수 있다. 이런 점에서 부모의 역할이 중요한 것이다. 게임은 아이들과 소통할 수 있는 좋은 메신저이다. 아이들의 속을 비춰 볼 수 있는 거울과도 같다. 내 아이와 허물없는 관계가 되길 간절히 원한다면, 먼저 내 아이의 입장에서 게임을 바라봐야 할 것이다. 그것부터가 시작이다.

02

게임은 우리 아이에게 꼭 필요한 것이다

대학 시절 강남에서 친구들과 약속을 잡으면 늘 만나던 곳이 있다. 강남역 10번 출구 '뉴욕제과' 앞이다. 강남 근처에서 만날 일이 있을 때, "강남역 뉴욕제과 앞에서 보자."라고 말하는 것은 친구들과 연인들 사이에선 으레 당연시됐었다. 지금 그곳은 10여 년 전 사라지고, 만인의 기억 속에만 남아 있는 추억의 장소가 됐다. 당시는 핸드폰이 없던 때라 약속 시간을 어기면 다시 만날 방법이 없었다. 공중전화 박스 앞엔 동전을 든 사람들이 길게 줄 서 있던 모습은 흔한 풍경이었다. 그렇기 때문에 친구를 만나기 위해선 특정 건물이나 장소를 선택해야 했다. 약속을 기다리는 사람들의 모습은 대개 지하철 입구를 쳐다보고 있거나 신문이나 책을 보고 있었다. 사람들은 보통 20~30분 기다리는 것은 예사로 여겼다. 나는 추운 겨울에 2시간까지 기다려본 적도 있다.

요즘은 약속 시간이 가까워지면, 어김없이 핸드폰 진동이나 알림소리가 울린다. '차가 많이 밀려서 늦을 것 같아.', '갑자기 급한 일이 생겨서 못 가겠다.' 등 문자로 약속을 대신한다. 예전에 비하면 대단히 편해지고 효율적으로 바뀌었다. 아니 더 자세히 말하면 실시간으로 친구들의 위치를 파악할 수 있는 시대다. SNS로 어제 친구가 뭘 했는지, 누구와 있었는지 그리 어렵지 않게 알 수 있다. 그래서인지 가끔은 핸드폰이 없던 시절로 되돌아가고 싶을 때가 있다. 기다리는 사람들을 유심히 보면 하나같이 핸드폰을 보거나 스마트 기기를 사용하고 있다. 책이나 신문 읽는 사람을 찾기란 정말 어렵다. '도대체 언제 오는 거지?' 하고 조급해하는 사람도 없다.

꼭 강남역이 아니더라도 누구나 소중한 사람과 만나던 추억의 장소가 있을 것이다. 그때의 모습을 간직한 곳도 있고, 현재는 사라진 곳도 있다. 사람들은 당시 사건보다 공간과 장소를 기억하는 경우가 많다. 그만큼 '장소'는 추억을 되살리는 노리쇠와 같은 것이다. 지금은 추억을 만들 공간도, 사람도 별로 없다는 사실이 때때로 서글픈 마음이 들게 한다. 우리는 이런 시대를 살아가고 있는 것이다.

요즘 부모들의 마음이 무겁다. 청량한 가을바람이 불어오는 계절이지만 코로나19 바이러스로 인해 '집콕' 하고 있는 아이들 때문이다. 아이들도 친구들과 신나게 놀 날을 손꼽아 기다려보지만 결국 비대면 수업으로 실망감이 이만저만이 아니다. 내 첫째 아이는 뉴스에서 제일 먼저 당일 코로나 감염자 수를 확인한다. 몇 년간 롤러코스터와 같은 감염자 수를 보면서 늘 실망하는 표정이 역력했다. '보고 싶은 친구들을 언제나 볼 수 있을지' 하는 모습을 보면 안쓰럽기까지 했다.

아이들은 사회적 습관을 기르는 것이 무엇보다 중요하다. 성장기에는 대인관계나 문제 해결, 감정 조절 등과 같은 정신건강을 결정하는 핵심 요소를 잘 형성해야, 성인이 돼서도 흔들림 없이 살아갈 수 있다. 하지만 수년간 등원, 등교, 야외 활동을 자유롭게 할 수 없었기에 성장기 아이들에게 악영향을 미칠 것이 불 보듯 뻔하다. 또한 친구들과 교류 단절로 인해 소통하는 능력이 떨어지고 자아 형성에 문제가 생길 수 있다. 이렇게 오랜 시간 사람들과 상호작용 없이 생활하다 보면 정서 불안이 생길 수 있고, 이것으로 대인관계에 나쁜 영향을 미칠 것이다.

하루 종일 아이들을 돌봐야 하는 부모들도 문제다. 나 역시 육아를 시작하고 얼마 지나지 않아 코로나19 사태가 터졌다. 종일 에너지 넘치는 사내아이 둘을 감당하기란 생각보다 쉽지 않다. 아이들에게만 집중하느라 챙기지 못했던 나 자신의 몸과 마음도 보살펴야 했다. 당분간 이런 생활은 오래 지속될 듯하다.

갑자기 들이닥친 언택트 시대로 세상이 바뀌고 있다. 아이들은 학교를 가지 않고 집에서 원격수업을 하는 것이 당연시됐고, 직장인들은 재택근무가 보편화됐다. 한 달에 술집에서 수차례 하던 단체 회식도 각자 컴퓨터 앞에 앉아 화상으로 "건배." 하는 문화가 생길 정도니 말이다. 종교 시설의 주말 풍경도 바뀌었다. 사회적 거리두기 실천으로 다양한 비대면 예배가 등장했다. 서울의 한 교회에선 교회 주차장에서 예배를 본다. 각자 자신의 차 안에서 라디오 주파수를 맞춰 설교를 듣는다. 야외극장에서 영화를 볼 때 쓰는 방식으로 예배를 보는 것이다.

가뜩이나 폐쇄적인 환경 속에 놓인 요즘 아이들은 소통의 창구가 절실히 필요한 시점이다. 대면하기 힘든 상황도 있지만 바쁜 학업 일정으로 자유로이 놀고, 웃고, 떠드는 일이 별로 없다. 유일한 소통 창구는 늘 손에 쥐어진 핸드폰이 전부다. 아이들은 이 주먹만 한 기기로 친구들에게 속마음을 거침없이 늘어놓는다. 게다가 게임이란 도구가 합세라도 하는 날엔 '절친'이 되는 것은 시간문제다. 게임 안에서 친구들과 함께 승리의 기쁨을 맛보며 답답했던 심정을 달래는 것이다.

아이들은 게임에서 많은 것을 얻는다. 친구들과의 연대로 우정이 돈독해지며 그룹 소속감을 통해 사회성을 키우는 데 도움이 된다. 대부분의 게임은 팀으로 진행되기 때문에 의사결정에 있어서 다른 사람들과의 공감대 형성이 중요하다. 게임은 앞으로의 세상에서 꼭 필요한 공감 능력을 향상시킨다. 뿐만 아니라 건강한 경쟁을 통해 자존감과 성취감을 높임으로써 행복을 느낄 수 있다.

게임은 자신이 처한 문제를 해결하기 위해 전략적 사고를 하게끔 유도하고, 팀워크를 요하는 상황에서 리더십을 발휘하도록 만든다. 또한 새로운 언어와 문화를 습득하기가 용이하다. 자연스레 게임을 하면서 세계 여러 나라의 문화와 언어를 간접 체험할 수 있다. 게임 장르에 따라 차이가 있겠지만, 대부분의 게임은 아이들의 상상력을 자극하여 창의성을 높이는데 상당한 도움을 준다.

하지만 게임에는 장점만 있는 것이 아니다. 가장 큰 단점은 게임 '과몰입'으로 인해 조절 능력을 상실하는 것이다. 일반적으로 '게임 중독'이라 불리지만 나는 게임이 마약이나 술과 같이 취급되는 것에 동의하지 않는다. 왜냐하면 게임은 여타 중독 물질과 달리 자신의 의지나 주변 환경에 의해 그리 어렵지 않게 '과몰입'에서 벗어날 수 있기 때문이다. 또한 오로지 게임만으로 중독을 일으켰다는 것이 과학적으로 입증된 바도 없다. 사실상 게임에 심하게 몰입한 아이에게는 따끔한 질책보단 진심 어린 대화의 시도가 필요한 것이다.

대다수의 게임은 폭력성을 내포하고 있다. 특히 부모들은 아이들이 폭력성이 있는 게임을 하는 것에 상당한 우려를 표한다. 하지만 아이들이 폭력적인 게임으로 인해 일상생활에 악영향을 준다는 어떠한 과학적 증명도 없다. 오히려 현실에서 불가능한 것들을 게임을 통해 대리만족하며 스트레스를 해소한다. 그러나 아이들이 게임하며 강한 조바심을 느끼거나, 수면 부족으로 일상생활을 유지하기 힘들 지경까지 갔다면 자기 조절 능력에 문제가 생긴 것이다. 부모들은 이런 상황이 되지 않도록 하는 것이 최선이지만, 만약 내 아이가 게임 과몰입 상태라면 먼저 게임을 통해 대화를 시도해보는 것이 좋다. 몰입된 게임에 대한 정보를 알아보고 아이의 눈높이에 맞는 진솔한 소통으로 진짜 문제를 끌어내야 한다.

사실 현 사회는 게임의 장점보다는 단점을 부각하는 경향이 있다. 그도 그럴 것이 다수의 순기능보다 소수의 부작용이 사회적 이슈가 되고 부모들은 그것으로 인해 불안감을 느끼기 때문이다. 불안과 공포는 무지에서 오는 경우가 대부분이다. 공포의 실체를 파악하면, 그것은 더 이상 무서운 존재가 아니다. 게임도 마찬가지이다. 매스컴에서 게임 중독에 대한 폐해를 자주 접하다 보면 '내 아이도 저러지 않을까' 걱정되는 것은 당연하다. 하지만 게임의 순기능과 부작용을 알고 그것을 어떻게 효율적으로 이용하는지에 대한 지식을 넓힌다면, 더 이상 게임은 두려움의 대상이 될 수 없다.

앞으로 게임은 미래 교육의 핵심이다. 게임과 교육이 결합하여 다양한 교육 콘텐츠를 쏟아낼 것이다. 지루하고 따분한 기존의 공부 방식은 최첨단 기술을 활용한 교육용 게임으로 전환될 것이다. 책이나 칠판으로 공부하던 시절에서 현재는 노트북과 핸드폰으로 학습하는 시대다. 게다가 최근 기술의 발전 속도는 우리 예상을 뛰어넘을 정도로 빠르게 진보하고 있다. 내 학창 시절엔 모르는 영어 단어가 나오면 두꺼운 사전을 펼치고 빨간 펜을 그어가며 외웠지만, 요즘 아이들은 손바닥만 한 핸드폰만 있으면 원하는 정보를 쉽게 얻을 수 있다.

최근 교육용 게임을 지칭하는 용어를 기사를 통해 흔히 접할 수 있다. E러닝, G러닝, 에듀테인먼트와 같은 스마트학습은 이미 해외 선진국에선 정규 교육 과정의 일환으로 이용되고 있다. 우리나라 역시 게임을 활용한 교육용 콘텐츠를 개발하는 것에 투자를 아끼지 않고 있다. 정규 교육에서 대부분의 수업이 교육용 게임으로 전환될 날도 그리 멀지 않았다.

이 시대는 아이들이 마음 편하게 쉬고 놀 수 있는 공간을 내어주는 것조차 인색하다. 회색빛 콘크리트 벽에 둘러싸여 학교와 학원을 바쁘게 돌아다닌다. 도심 속 놀이터에는 아이들의 웃음소리가 들리지 않는다. 요즘 아이들은 부모들이 어린 시절 당연히 누렸던 소소한 경험조차 빼앗겨버렸다. 이제 이런 현실에 놓인 아이들을 공감해야 할 시기가 왔다. 더 이상 어른들의 경험에 비추어 아이들을 바라봐서는 안 된다.

이런 세상에 사는 아이들은 보이지 않는 디지털 세계에서 자신만의 놀이터를 만들고 살아간다. 이곳은 아이들이 마음껏 놀고, 말하고, 즐기는 놀이터이자 쉼터인 것이다.

03

게임과 공부는 종이 한 장 차이

문득 '지난날 나는 게임처럼 재밌게 공부했던 순간이 있었나?' 하는 생각이 스친다. 공부는 인생을 살아가는 데에 있어서 하나의 과정이다. 그럼에도 공부는 사람들의 삶 곁에 찰싹 달라붙어 성공과 실패를 가르는 중요한 잣대가 된다. 잘 어르고 달래며, 매진한다면 한 개인의 인생에 엄청난 경쟁력이 된다. 어떤 이에게는 삶을 살아가는 동기가 되기도 한다.

아이들이 공부가 재밌어지는 순간은 언제일까? 마치 게임처럼 재밌어진다면 공부는 아이들의 친구가 될 것이다. 그래서 부모들은 아이들이 어떻게 하면 공부가 재밌어질지에 대해 초점을 맞춰야 한다. 공부가 재미있어지는 순간 아이의 일상은 180도 바뀐다. 머릿속엔 온통 지적 욕구를 충족하기 위한 생각으로 가득 차게 된다. 목적성이 전혀 다른 독서를 하게 되고, 문제 해결에 있어서 자신의 힘을 믿게 된다. 공부에 있어서 '재미'야말로 성공적인 결과를 이루게 하는 출발점이자 끝인 것이다.

재미가 붙으려면 먼저 흥미가 생겨야 한다. 그리고 공부에 흥미가 생기려면 성취감을 맛봐야 한다. 반복적인 성취감은 흥미를 높여 결국 재밌는 공부를 하게 만든다. 하지만 성취감은 가만히 있으면 찾아오지 않는다. 성취감에 이르기까지는 공부를 왜 해야 하는지에 대한 동기가 있어야 한다. 아이들이 공부를 하고자 하는 동기는 다양하다. 옆집 엄마 친구 아들보다 더 잘나가기 위해, 선생님의 기대를 저버리지 않기 위해, 자신의 꿈을 이루기 위해 등 여러 가지 이유로 동기 부여를 받는다. 요컨대 재밌게 공부하려면 스스로 학습 동기를 찾고, 그것으로 소소한 성취감을 맛보다 보면, 자연스레 흥미가 생겨 재밌는 공부를 하게 되는 것이다. 이런 선순환 과정을 통해 아이들은 공부 재미에 깊이 빠져드는 것이다.

이와 같은 선순환이 되기 위한 출발점은 동기 부여에 있다. 어차피 모든 일은 마음가짐에서 비롯된다. 결국 동기는 하고자 하는 마음이 끊임없이 생겨야 유지된다. 무언가 하고자 하는 마음, 즉 꿈, 장래 희망, 미래의 직업 등 뭐라 해도 상관없다. 이는 미래에 아이들이 바라는 꿈, 자신의 모습이다. 구체적인 꿈일수록 더 강한 동기 부여를 얻는다. 꿈이 생겼다면 이젠 그것을 이루기 위한 목표가 보일 것이다. 한 계단, 한 계단 스스로 정한 목표를 이루면서, 자신의 꿈에 조금씩 다가갈 수 있는 것이다.

우리나라 국가대표 양궁선수들은 세계 최강이다. 해외 언론들은 우리 양궁을 범접할 수 없는 신의 영역이라 극찬한다. 사람들에게 '오랜 시간 어떻게 이런 결과를 이끌 수 있었을까?' 하는 궁금증을 자아내게 만든다. 혹자는 '고구려의 후손이라 활쏘기에 우수한 유전자를 물려받았기 때문이다.'라고 주장하지만, 우리나라 양궁 선수들이 훈련하는 과정을 살펴보면 생각이 달라질 것이다.

우리나라 국가대표 양궁선수들은 우선 점수에 연연하지 않는다. 대신에 마음을 가다듬는 훈련에 몰입한다. 진정한 승부는 활 쏘는 실력이 아니라 마음가짐에서 결판나기 때문이다. 결과가 아니라 과정에 집중하고 마음 비우기에 열중한다. 선수의 심리 상태가 곧 우승을 결정짓는 것이 양궁인 것이다.

양궁선수라면 경기가 시작되면 그 어떤 조건에도 흔들리지 말아야 한다. 그래야 과녁 정중앙에 화살을 꽂아 넣을 수 있다. 그러기 위해 날마다 강인한 체력을 기르고 마음을 단련시킨다. 그리고 마음을 비운다. 선수들은 큰 경기일수록 심리적 압박을 많이 받는다. 특히 올림픽 무대에서는 더더욱 심한 중압감을 받는다. 관중들도 손에 땀이 나고 입술이 떨릴 지경이다. 하지만 우리나라 선수들은 평정심을 유지한 채 한 발, 두 발 차분히 시위를 당기며 우승을 차지한다. 이와 같은 지독한 마음 훈련으로 우리나라 양궁이 세계 최고의 자리를 지키는 것이다.

양궁뿐만 아니라 분야를 막론하고 최고의 자리에 오르려면 누구나 마음가짐이 중요하다. 모든 일은 마음을 어떻게 먹느냐에 달려 있다. 공부 역시 그러하다. 어떤 이유로든 공부를 해야겠다는 마음가짐이 우선해야 한다. 이 마음이 불씨가 되어 공부의 열정을 불태우는 것이다. 공부를 잘 하려면 순간마다 자신의 마음을 다스려야 한다. 화나거나, 우울하거나, 슬플 때는 공부에 집중할 수 없다. 내 마음을 제일 잘 아는 것도 결국 나 자신이기에 스스로 마음을 가라앉히고 다독이면서 해야 똑바로 공부할 수 있다. 이렇게 공부하는 사이에 자신도 모르게 조금씩 실력이 나아지게 되는 것이다.

나는 내 아이들에게 '게임 좀 그만하고 공부 좀 해라!'라고 하루에 몇 번이고 핀잔을 준다. 하지만 자세히 보면 공부할 때보다 게임할 때 훨씬 집중하는 모습을 보인다. 간혹 아이들은 좋아하는 과목이나 주제가 나오면 게임할 때와 비슷한 태도로 임한다. 특히 그런 과목이나 단원은 따로 공부하지 않아도 성적이 곧잘 나온다. 사실 공부와 게임은 비슷한 점이 많다는 것을 나는 알고 있다.

공부에도 왕도가 있다. 여느 기술과 마찬가지로 공부 실력도 개선할 수 있다. 이에 공부를 효율적으로 잘하려면 몇 가지 단계가 반드시 필요하다.

첫째, 명확한 목표를 설정해야 한다. 그 목표에 맞게 되도록 구체적인 계획표를 짜서 실행해야 한다. 1년, 한 달, 1주, 1일 단위로 장기적, 단기적인 계획을 잡는다. 그리고 최소 단위의 일일 계획표에 모든 시험, 숙제를 꼼꼼히 체크해야 한다. 노트나 달력, 혹은 온라인 학습 계획표를 만들어도 된다. 대신 눈에 잘 띄는 곳에 두어 언제든지 확인할 수 있어야 한다. 공부 외의 다른 스케줄도 일일이 적는 것이 좋다. 그리고 자신이 생각하는 능력치보다 좀 더 높게 계획을 세우면 더 높은 성과를 거둘 수 있다.

게임의 첫 관문은 개발자가 미리 설정해둔 목표를 수행하는 일이다. 개발자는 아이들의 흥미를 유발하기 위해 체계적인 계획표를 게임 안에 심어놓았다. 게임에선 '퀘스트' 혹은 '미션'이라 부른다. 이를 통해 몬스터를 잡거나 아이템을 모아가며 집중하다 보면 어느새 최고 레벨에 성큼 다가가 있는 것이다.

둘째, 성취감을 느껴야 한다. 자신이 설정한 과제를 완료할 때마다 동그라미와 같은 표시를 하면 기분이 매우 뿌듯해진다. 하루, 이틀 목표를 달성하며 스스로 성장하는 것을 체험할 수 있다. 이는 계속 과제를 하게 하는 원동력이 된다. 작고 구체적인 목표를 시작으로 이를 달성할 때마다 성취감을 맛본다면 공부가 재밌어진다. 공부로 상을 타거나 성적이 크게 오를 때만 성취감을 얻는 게 아니다. 작은 성취감도 꾸준히 아이들을 공부하도록 이끌 수 있다. 하루를 되돌아보며 스스로 만족감을 느끼는 것이 중요하다. 핵심은 자신이 세운 목표를 잘 지켜, 이를 달성함으로써 자부심을 느껴야 하는 것이다.

게임을 하다 보면 매순간 성취감을 느낄 수 있다. 하나를 넘어서면 더 어려운 과제가 주어지고, 두 번째, 세 번째를 넘다 보면 최고의 경지에 오르게 된다. 또한 승부욕을 자극한다. 게임이든 공부이든지 간에 무슨 일을 할 땐 승부욕이 있어야 좋은 성과를 거둘 수 있다. 게임을 해본 사람이라면 어느 단계에서 여러 번 시도를 반복하다가 마침내 넘어섰을 때의 환희를 한 번쯤은 경험했을 것이다. 그것으로 돈을 벌거나, 명문대에 들어가는 것도 아니지만 살면서 그 정도의 희열을 느끼는 경우는 그리 흔치않다. 원래 게임은 그렇게 설계돼 있고, 그것이 게임을 계속해서 하게 만드는 요소다.

셋째, 공부는 전략적으로 해야 한다. 무작정 시간을 들여 공부한다고 해서 높은 점수를 받는 건 아니다. 공부하는 요령을 알아야 자신감도 생기고 원하는 성과를 빠르게 얻을 수 있다. 시중에 나와 있는 책이나 인터넷을 검색해보면 공부 잘하는 방법은 너무도 많다. 이런 수많은 공부법 중 자신에게 딱 맞는 공부 전략을 찾는 것이 중요하다. 공부에 매진하는 순간, 자신에게 가장 알맞은 공부 방법을 찾을 수 있을 것이다. 딱히 머리가 좋지 않아도 된다. 머리만 믿고 우쭐한 마음으로 공부를 대하는 아이들은 머지않아 자신의 한계를 느끼게 된다. 공부는 자신에게 맞는 학습 전략을 세우고 이를 습관화하는 것이 핵심이다.

대작 게임을 하다 보면 '공성전'이란 것이 있다. 공성전은 게임하는 사람들에게 주는 즐거움 중 백미로 꼽는다. 이는 성이나 요새를 공격하는 전투를 말하는데 적게는 수십 명에서 많게는 수백 명의 사람들이 동시에 서로의 성을 지키고 함락시켜야 이긴다. 이 전투에서 승리하려면 뛰어난 전략, 전술이 필요하다. 종족의 수장은 전투가 시작되기 전 다양한 전략을 구성원들과 연구한다. 각자 맡은 임무가 주어지고 자신들이 갖고 있는 특성을 최대한 살려 전투에 임한다. 칼을 쓰는 보병, 활을 다루는 궁병, 기동성이 뛰어난 기마병 등 이들을 어떻게 적재적소에 활용하느냐에 따라 승패가 좌우된다. 또한 보급품을 차단하고, 적군의 빈틈을 찾아 파상공세를 펼침으로써 승리를 쟁취할 수 있다. 이 외에도 무수히 많은 전략과 전술이 난무하는 세계가 '공성전'이다.

누구나 공부보다 게임이 재미있다고 생각한다. 게임은 아무리 해도 안 질리는데 공부는 금세 질린다고들 한다. 과연 '게임은 재밌고 공부는 금방 질리는 존재인가?' 이런 질문을 하는 사람에게 '진정 공부의 재미에 빠져본 적이 있는가?'라고 되묻고 싶다. 공부 재미에 깊이 빠져본 사람만이 공부의 진정한 의미를 알고 있다. 겉핥기 지식이 아닌 인간 본연의 욕구로 지식을 얻었을 때, 그 가치를 깨닫게 된다. 인간의 전체적인 삶에 있어 공부는 음식과도 같다. 때가 되면 배고프고 먹고 나면 또다시 먹게 되는 그런 존재이다. 우리의 생존을 책임지는 에너지인 것이다.

게임은 재밌어야 한다. 아니, 재밌어야 게임이다. 결국 게임과 재미는 같다. 이토록 공부가 재밌어지는 순간 게임을 하는 것처럼 빠져들게 된다. 왜냐하면 공부와 게임은 너무도 닮아 있기에, 그 차이가 얇은 종이 한 장 정도 될까.

04

내 아이는 게임을 통해 수학을 배운다

주변에서 핸드폰 게임이나 PC 게임을 싫어하는 아이는 보기 드물 것이다. 하지만 수학을 싫어하는 아이는 쉽게 찾아볼 수 있다. 우리는 자칭 '수포자(수학 포기자)'라 말하는 아이들을 흔히 만난다. 대부분의 아이들이라면 수학을 싫어하는 것이 지극히 당연하다고 생각한다. 왜냐하면 정말 재미없고 지루하기 때문이다. '이걸 도대체 어디다 써먹는다고 골치 아프게 배우는 거지?'라고 의문이 든다.

수학이 아닌 다른 분야의 학문도 힘들게 배운 것을 거의 써먹지 않는 경우가 대부분이다. 특정 분야를 제외하곤 학창 시절 배운 것들은 평생을 살아가며 상식선에서 그치기 마련이다. 하지만 게임 개발자라면, 특히 프로그램을 다루는 사람들은 수학적 지식을 반드시 알아야 한다. 처음엔 수학적 지식이 얕더라도 별 문제가 되지 않을 수 있다. 하지만 경력이 쌓이고 다양한 프로젝트에 참여하다 보면 수학이라는 도구를 언제, 어떻게 사용하는지 알아야 완성도 높은 게임이 나온다.

게임에는 수학을 이용해 문제와 답을 구하는 방법이 많이 존재한다. 수학만큼 완벽을 추구하는 학문도 흔치 않기에 그 해법을 통해 게임을 만들 수 있다. 수학은 참, 거짓을 증명하는 과정을 거치며 발전한 학문이다. 아무리 난해하고 어려운 문제도 반드시 답은 있다. 수학은 이것도 저것도 아닌 상태가 될 수 없다. 이것이 다른 학문에 비해 매력적인 요소이다. 게임 역시 어중간한 상태는 구동에 문제가 생길 수 있다. 명확한 조건에서 안정성이 보장되고 다음 단계로 발전할 수 있다. 수많은 조건을 명확히 구현해야 똑똑한 게임이 된다. 게임은 수학적 지식을 기반으로 하여 만들지는 것이기 때문이다.

나는 게임을 잘하는 아이가 수학도 잘할 것으로 생각한다. 물론 게임을 잘해야만 수학을 잘할 수 있다는 말은 아니다. 수학을 잘하기 위해 게임 요소를 적극적으로 활용한다면 대단한 성과를 거둘 수 있다는 말이다. 단언컨대 만약 수학을 게임처럼 한다면 아이들은 스스로 수학에 빠져들 것이다. 원래 수학과 게임은 복잡하고 어려운 문제에 도전하여 답을 찾는 과정이기 때문이다.

수학이나 게임은 주어진 문제를 해결하는 것에 의미가 있다. 그 문제는 어려워 보이지만 항상 답이 존재한다. 게임에서 해결할 수 없는 도전 과제는 없다. 깨지지 않을 것 같던 적군도 끊임없는 노력으로 어느 순간 사라지게 된다. 역시 수학도 언제나 하나의 답이 존재한다. 하지만 해결하는 과정에선 모두 어두운 터널 속을 지나는 것과 같다. 절대 풀 수 없는 수수께끼처럼 느껴지지만 해결 방법은 분명 존재하고, 곧 답을 찾을 수 있다. 사실 보기엔 불가능한 것이, 그것을 해결하고 나면 별 것 아니란 것을 곧 알게 된다.

2019년, 테슬라 CEO인 일론 머스크(Elon Musk)는 전 세계 아동 문맹 퇴치를 위한 소프트웨어 경진대회 '글로벌 러닝 엑스프라이즈(Global Learning XPrize)'에 무려 1,500만 달러의 상금을 내걸었다. '글로벌 러닝 엑스프라이즈'는 전 세계 2억 5천만 명에 이르는 문맹 아동에게 기초적인 학습에 필요한 디지털 학습 방법을 제시한다는 목표로 개최된 대회이다. 학습하기 어려운 개발도상국가의 아이들이 스마트 기기를 이용해 스스로 글을 익히고, 수학적 개념을 이해할 수 있도록 소프트웨어를 개발하는 것이 목표다. 이 대회에서 무려 40개국 700여 팀이 경쟁한 끝에 한국 스타트업 회사가 최후의 승자가 됐다.

이 스타트업 회사는 4~9세 아동을 대상으로 하는 '교육용 수학 어플리케이션'으로 50억 상금의 주인공이 된 것이다. 이 어플리케이션은 뛰어난 학생을 대상으로 만든 것이 아니라 학습하기 어려운 환경에 처한 아이들을 위해 제작됐다. 부모들의 도움 없이 아이들이 게임하듯 수학을 배울 수 있게 만들었다. 우리나라 영재교육이나 조기교육과는 상반된 학습 방법을 추구한다.

또한 학습 의욕이 부족한 아이들을 독려하고 계속 학습을 진행할 수 있도록 인공지능(AI)과 같은 첨단 기술에 주력했다. 이 회사 대표는 어느 인터뷰에서 "점수로 줄을 세우는 여느 게임처럼 아이들의 경쟁심을 유도하는 것이 아니라, 아이가 느리더라도 문제를 풀 수 있도록 유도하고 격려하는 방식으로 만들었다"고 말했다. 그는 게임에서의 기술을 강조했다. "게임이 지니고 있는 기술이 세상을 어떻게 바꾸는지 경험했고, 이제 게임의 요소를 담은 교육용 어플리케이션으로 세상을 바꿀 것이다."라고 했다.

전 세계 900만 다운로드를 기록했으며, 미국 초등학교 1,200곳에서 이 어플리케이션을 교재로 사용하고 있다. 곧이어 일본에서도 출시할 계획이다. 게다가 코로나19로 인해 더욱 가파른 성장세를 보이며 세계적 기업으로 발돋움하고 있다.

2009년 미국 뉴욕시는 게임 방식으로 학습하는 공립학교 퀘스트투런(Quest-To-Learn)을 설립했다. 게임 개발 전문가와 교육자들이 2년에 걸쳐 세계 최초로 게임 방식을 적용한 정규 중고등학교를 만든 것이다. 이곳에선 6학년부터 12학년까지 게임 설계 원칙에 따라 학습한다. 교육 과정에 게임의 요소를 적용해 보다 의미가 있는 학습을 가능케 했다.

학생들은 실제 게임 사용자가 되어 여러 가지를 체험하며 자연스레 학습한다. 수학, 과학, 역사와 같은 과목은 없다. 학생들은 게임 속 캐릭터가 되어 실제 과학자, 역사학자, 수학자가 되어 퀘스트를 수행한다. 역사의 주인공이 된 학생들은 피라미드를 건설하면서 수학, 공학, 지리 등을 배우게 된다. 가상의 공간에 숨겨진 퀘스트를 찾아 임무를 수행한다.

열심히 노력하면 레벨이 올라가고 실패해도 큰 문제가 되지 않는다. 임무를 수행하다 보면 실수나 실패가 일어나는 것은 당연하다. 하지만 이때 중요한 건 실패를 바탕으로 다시 시도하여 답을 찾는 것이다. 틀린 문제를 바로잡고, 다음에 어떻게 해야 더 나은 도전을 할 수 있는지를 생각하게 한다. 수업 과제에서 실패한다고 벌칙이나 감점을 주지 않는다. 대신 성공적으로 임무를 수행하면 적절한 보상을 통해 도전에 대한 두려움을 없앤다. 학생들은 이런 긍정적인 스트레스 속에서 재밌는 게임을 하며 배움에 몰입할 수 있다. 수업시간에 적절한 역할을 부여받고 과제를 해결하며 재밌게 배운다. 수학 문제를 푸는 것이 아니라 수학자의 역할을 하며 원리를 깨치는 것이다.

그리고 이 학교에선 몇몇 학생이 주도하는 수업은 찾아볼 수 없다. 어떤 활동을 하든 모든 학생들이 적극적으로 참여한다. 배운 것을 다 같이 실행함으로써 진짜 공부를 하는 것이다. 설립 당시만 해도 이런 차별화된 교육에 대한 우려의 목소리가 컸다. 아마도 보수적인 우리나라 교육에선 시도조차 쉽지 않았을 것이다. 하지만 현재 퀘스트투런 공립학교는 우수한 인재를 꾸준히 배출하며 새로운 방식의 교육법 성공을 증명해 보이고 있다. 이 학교 수학반은 뉴욕시 수학 올림피아드에 출전해 3년 연속 우승을 차지했다. 또 뉴욕시에서 실시한 일제 고사에서 다른 학교에 비해 50%나 높은 점수를 받았다. 학생과 교사 모두 학습에 대단한 열의를 보이며 학생 출석률이 평균 94%이며, 교사 이직률은 10%에 불과했다.

퀘스트투런 설립에 지대한 역할을 한 게임 개발전문가 '피터 리'는 "이제 교육이 게임을 받아들여 디지털 세대의 학생들에게 새로운 방향을 제시해야 한다"고 말했다. 그는 "게임은 어떤 상황이든 실제 캐릭터가 되어, 직접 생생하게 체험할 수 있고, 얼마든지 실패하며 배울 수 있는 가장 효과적인 학습 매체다."라고 했다.

IT 기술의 발전은 가상현실 속에서 다양한 상호작용을 가능케 했고, 교육 분야에 이르기까지 많은 영향을 미치고 있다. 정부뿐 아니라 민간 기업에서조차도 교육용 콘텐츠에 투자를 아끼지 않고 있다. 이런 흐름 속에 앞으로의 교육법에 게임을 따라올 것은 없을 것이다.

우리나라 역시 게임 방식을 도입한 학습법이 인기를 끌고 있다. 초등학교 교실에서 학습 효과를 높일 수 있는 교육용 게임이 적극 도입되고 있는 추세다. 아직은 초기 단계라 첨단 기술을 활용하기보단 보드게임이나 단순한 어플리케이션으로 학습한다. 이를 통해 도형 개념을 익히고 공간 지각력과 창의력까지 익힐 수 있어 아이들에게 좋은 반응을 얻고 있다. 물론 아직까지는 정규 수업이 아닌 '방과 후 수업'과 같은 보조 학습 수단으로 이용되고 있으며, 저학년 아이들 위주로 적용하고 있다. 하지만 앞서 언급한 퀘스트투런 공립학교의 설립 취지와 비슷한 게임을 통해 다양한 체험을 하게 하고, 수학 실력 향상은 물론 창의력을 높이는 등 새로운 교육적 효과를 얻고 있다. 이 교육용 게임은 아이들이 즐겁게 공부하게 만드는 것이 기본 방향이다. 아이들이 적극적으로 게임에 참여하여 논리력, 창의력, 사회성을 키울 수 있도록 했다.

앞으로는 이제까지 우리가 알던 공부의 가치가 무너질 것이다. 아니 무너지고 있는 중이다. 그동안은 선생님이 알려주거나 책을 달달 외워서 높은 점수를 얻는 게임이 공부였다. 이로 인해 명문 대학을 가고, 좋은 직장으로 이어진 것이 일반적인 성공이었다. 그래서 부모들은 자신의 경험을 바탕으로 아이들에게 공부는 성공하기 위해 해야 하는 것으로 가르쳐왔다. 하지만 현재는 이런 전통적 학습 방법으론 성공을 보장 받을 수 없는 시대다. 컴퓨터의 출현은 예전처럼 '지식의 독점'만으론 성공 가도를 달릴 수 없게 했다. 성공한 전문가의 지식이 이젠, 누구나 스마트 기기 하나만 있으면 언제든 습득할 수 있다.

인류는 숫자의 비밀을 알기 위해 오랜 기간 공들여왔다. 지금까지도 인간은 스스로 수학적 과제를 부여하고, 이것을 해결하려 부단히 노력하고 있다.

영국의 수학자이자 물리학자였던 뉴턴이 "내가 더 멀리 볼 수 있었던 것은 거인의 어깨 위에서 세상을 바라보았기 때문이다."라고 말했듯이 세상은 지식의 독점보단 지식의 공유로 인해 혁신적인 발전을 이룰 것이다. 지금 인류는 역사상 한 번도 느껴보지 못한 정보의 세상에서 살고 있다. 디지털 기술 발전은 지구 반대편에 살고 있는 얼굴도 모르는 사람과 지식 공유를 가능케 했다. 누군가 공들여 만든 지식을 공유하며 더 나은 지식으로 빠르게 진화하고 있다.

'현시대에 뉴턴이 살아 돌아온다면 무슨 생각이 들었을까?' 아마도 전 세계 수학자들과 지식을 향유하며 즐거운 여생을 보냈으리라 생각한다. 아님 게임 개발자가 되어 수학에서 한 단계 진보된 게임 속 세상을 누리며 행복한 인생을 누리지 않았을까.

05

게임으로 영어 공부를 재미있게 하는 방법

한 해를 알리는 새해가 되면 많은 사람들이 외국어 공부를 하겠다고 다짐한다. 그중에서 당연히 영어 공부에 대부분 열을 올리지만 막상 시간이 지나면 흐지부지되는 경우가 태반이다. 그 이유는 배우고자 하는 나라에 가지 않고 혼자서 공부한다는 것이 정말 어렵기 때문이다. 주위에서 영어를 원어민 수준으로 하는 사람들은 다른 사람들에게 부러움을 산다. 게다가 2~3개국 언어를 구사하는 사람을 만나게 되면 경외의 대상으로 바라본다. 그들은 과연 언어를 배우는 데 있어서 특별한 재능이 있거나 대단한 노하우가 있어 자유자재로 외국어를 구사하는 걸까?

나는 초등학교 6년, 중고등학교 6년 학창 시절 총 12년의 영어 공부를 하고, 사회에 나와선 미국 회사에서 3년간 근무했다. 그러나 원어민 수준에는 근처에도 가지 못한다. 그냥 저냥 보통 사람보다 조금 더 잘할 거라 자화자찬하는 수준이다. 때론 '언어를 관장하는 뇌가 고장이라도 난 건가?', '아님 영어 공부를 하는 방법이 잘못된 걸까?'라고 생각이 들 때도 있다. 그렇게 많은 시간과 노력에도 불구하고 영어를 불편해하는 걸 보니 참 한심한 노릇이다.

오래전 미국 동부에 있는 IT 회사에 취업이 되어 미국행 비행기를 탔다. 18시간의 지루한 비행을 마치고 공항 입국 심사대를 지나치려는데 이민국 직원이 나를 붙잡았다. 대개 심사를 위해 몇 가지 질문을 하고, 이에 별문제가 없으면 통과하는 게 일반적이다. 얼마나 머무를 것인지, 방문 목적이 무엇인지, 어디로 갈 것인지 등 비자 발급 시 요구했던 질문과 유사하여 별 탈 없이 지나칠 줄 알았다. 이민국 직원은 나를 창문도 없는 4평 정도 되는 방으로 데리고 가서 대기하라고 했다. 미국 경찰 같은 복장을 한 이민국 직원은 장신의 흑인 남성이었다. 그는 내게 묵직한 목소리로 "샬라 샬라." 했는데 전혀 알아들을 수가 없었다. 미국 취업을 위해 준비한 영어회화는 아무짝에도 쓸모가 없었다.

나는 해외여행을 하며 이런 경우는 처음 겪는 상황이라 몹시 당황스러웠다. 가뜩이나 당시 미국 공항은 9.11 테러가 발발한 지 몇 년 되지 않은 때라 입국 심사가 삼엄하고 깐깐했다. 1시간, 2시간이 지나도 내가 대기하던 방에는 아무도 오질 않았다. 스마트폰이 있던 시절도 아니고 앞에 보이는 하얀 벽을 보며 면벽수도를 하듯 앉아 있으려니 이런 곤욕이 없었다. 초초한 마음으로 몇 시간을 대기하며 별별 생각이 다 들었다. '이대로 쫓겨나면 한국에서 다시 취업해야 하나?', '그간 들인 시간과 돈이 날아가면 어쩌지?' 하고 불안한 마음이 엄습했다.

한 3시간이 지나서 이민국 직원이 통역관과 함께 방으로 들어왔다. 이민국 직원은 내가 왜 입국 심사에서 문제가 생겼는지 질문하기 시작했고, 나는 이런저런 이유를 설명하며 그 감옥 같은 골방에서 빠져나올 수 있었다. 내가 이런 고초를 겪은 이유는 여행용 가방에 있던 외장하드가 문제였다. 공항 X-ray 검색대를 지나며 가방 안에 있던 사각 쇳덩어리가 폭탄으로 오인됐던 것이다.

당시 IT 회사에 취업한 터라, 해외에서 일을 하려면 기존에 작업한 자료를 외장하드에 저장해서 가야 했다. 지금이야 클라우드 서버나 웹하드로 손쉽게 고용량 데이터를 공유할 수 있지만 그때는 일일이 하드에 저장해서 다녀야 했던 시절이었다.

말이란 것이 급할 땐 그 나라 사람이라도 말문이 막힐 수 있다지만, 더욱이 외국어를 급작스러운 상황에 술술 얘기하리란 그야말로 정말 어려운 일이다. 언어란 것이 본래 위급한 상황이나 돌발 상황에서 무의식적으로 튀어나와야 한다. 억지로 주입한다고 배울 수도 없고, 일상생활에 녹아들어야 진정 그 나라의 언어를 배울 수 있는 것이다.

사람들은 언어를 배우기 어렵고, 잘하기 힘든 영역이라 불평한다. 수많은 시간과 노력에도 불구하고 실패할 것으로 생각한다. 실패의 가장 큰 원인 중 하나는 사람들이 언어를 지속해서 훈련하지 않기 때문이다. 언어란 연속된 일상에 공기와 같은 존재이기에 평소 습관을 기르는 것이 중요하다. 일단 습관이 형성됐다면 의지에 기댈 필요 없이 반복적인 훈련으로 자연히 말하게 되는 것이다.

언어는 때가 되면 해야 하는, 세수나 양치질과 같이 일상의 습관을 통해 내 것이 된다. 때가 되면 밥을 먹고, 운동을 하며, 일을 하는 것에는 '말'들이 반드시 필요하기에 언어는 곧 생활이 되어야 한다. "나는 바빠서 배울 시간이 없어!", "다음에 꼭 배울 거야!" 하는 말과는 상반된 것이 언어 공부다. 매일 출퇴근 시간이나 화장실에서 단 몇 분, 짬을 내어 꾸준히 해야 하는 공부다. 요즘은 IT 기술 덕분에 장소나 시간 제약 없이 훨씬 쉽게 할 수 있다. 게다가 게임 방식을 활용한 다양한 어플리케이션의 등장으로 언어 학습의 습관화를 부추기는 시대다.

대체로 부모들은 공부에 관해 누군가의 성공 스토리를 믿거나, 옆집 우등생 엄마나 명문대 출신 지인의 얘기를 진실로 여긴다. 이들 대부분은 아이들이 게임하는 것을 모든 문제의 근원으로 생각한다. 게임에 빠져 학생의 본분인 공부를 하지 않고 허송세월한다고 질책한다. 하지만 곰곰이 생각해보면 게임이 없던 시절에는 TV와 만화책 때문에 공부를 안 한다고 비난했다. 하지만 아이들이 공부나 독서를 꺼리는 이유는 전혀 다른 데에 있다. 재미가 없기 때문이다.

반면 부모들은 아이들을 질책하기에 앞서, 공부를 즐거운 활동으로 인식하도록 도왔는지 생각해봐야 한다. 부모와 교사 모두 공부를 즐겁게 하도록 하는 것에 심혈을 기울여야 한다. 예전 어려운 환경에서 인내와 고통을 이겨내는 것이 공부라 여기는 사람이라면, 생각을 달리 해야 한다. 물론 배움에는 피나는 노력이 필요하다. 하지만 그 과정을 즐길 수만 있다면, 공부는 아이들에게 평생 친구가 돼줄 것이다.

시중에는 게임으로 영어를 배우는 어플리케이션이 즐비하다. 그중에는 영어 공부에 도움이 되는 꽤 괜찮은 게임들이 많다. 어떤 게임은 전부 영어로 돼 있어 게임하며 자연히 배울 수 있고, 아예 영어 교육용으로 나온 게임도 있다. 그중 현대판 레고(LEGO)라 불리는 최고의 게임이 있다. 전 세계 아이들에게 가장 사랑받는 게임 중 하나다. 마치 부모 세대가 어릴 적 가지고 놀던 블록이나 바비 인형과도 같은 존재다.

이 게임은 여느 게임과 달리 스토리 중심이 아닌 일정한 규칙 없이 사람이 살아가는 데 필요한 거의 모든 행위를 할 수 있다. 또한 전 세계 아이들이 동시에 접속하여 다양한 상호작용을 하며 플레이를 하니 대단한 인기를 끄는 것이다. 일단 게임에 빠지게 되면 생활에 필요한 모든 것들을 영어로 사용하기 때문에 어휘력 향상에 큰 도움이 된다. 또한 부모와 아이가 함께 즐기면 훨씬 효과적이다. 부모들은 요즘 아이들 문화도 이해할 수 있고, 서로 상상하고 소통하니 부모와 자녀 간의 사이도 돈독해지고, 영어 공부에 상당한 동기 부여가 된다.

나는 아이가 게임을 끝내면 그날 게임에서 일어난 사건에 대해 영어로 써보게 한다. 예컨대 아이가 집을 짓기 위해 온갖 재료를 모으고, 생존을 위한 행동을 영작해보는 것이다. 그러면 추가적인 게임 시간을 보상으로 주고, 이를 통해 아이들은 원하는 게임도 즐기고 동시에 영어 공부도 하게 되니 일석이조의 효과를 거둘 수 있다. 실제로 나는 초등학교 5학년 첫째 아이와 주말에 이 게임을 자주 한다. 서로 상의하면서 재료를 모으고, 이를 이용해 멋진 집을 짓곤 한다. 처음 이 게임을 시작했을 땐 내 의견 위주로 게임을 진행했다. 하지만 게임에 익숙해지자 아이는 내게 게임 조종기를 잘 주지 않았다. 옆에서 나는 조언해주는 정도였다. 우린 몇 가지 규칙을 정했다. 게임이 시작되면 일단 영어로만 대화해야 했고, 이를 어기면 게임 조종기를 뺏기로 했다. 게임 진행 중에 모르는 단어가 나오면 머릿속에 기억해두었다가 내 턴이 아닐 때 핸드폰으로 찾았다. 그리고 게임을 더 오래 하기 위해 내 차례가 오면 찾은 단어를 이용해 게임을 하는 것이다. 처음엔 1분도 채 되지 않아 턴이 바뀌었지만 시간이 지나면서 한 턴에 10분을 넘기는 경우도 종종 생겼다.

어느 날 일곱 살 먹은 둘째 준영이가 "아빠, '프랭크'가 누군지 알아?" 라고 내게 물어봤다. "뭐, 프랭크? 아니 몰라." 하고 대답했더니 "그럼 '레온', '매그', '크로우', '쉘리'는 누군지 정말 몰라?" 하고 다시 되물었다.

아니 아직 영어도 전혀 모르는 일곱 살 준영이가 뜬금없이 던지는 질문에 황당했다. 발음도 꽤 정확한 걸 보니 대충 알고 하는 질문은 아닌 듯하여 "어떻게 그렇게 많은 영어 단어를 알게 됐니?" 하고 물었더니 "내가 좋아하는 게임에서 나오는 캐릭터야!"라고 자신 있게 대답했다.

이 캐릭터들은 주말에 내 첫째 아이와 둘째, 사촌 형들까지 합세하여 즐기는 모바일게임에 등장한다. 준영이는 눈을 반짝거리며 캐릭터마다 지닌 특성을 요목조목 늘어놓았다. 각각의 캐릭터별 무기를 설명하고, 궁극 스킬까지 듣고 있자니 평소 준영이 모습과 달라 내심 어색했다. 아직 ABC도 모르는 아이지만 게임 캐릭터에 나오는 첫 알파벳은 전부 알고 있으니 게임의 위력은 실로 대단한 듯하다. 사실 준영이가 영어 학습을 위해 이 게임을 한 건 아니지만 게임을 잘만 활용한다면 효과적인 교육 방법이 될 수 있다는 생각이 들었다.

다른 나라 언어는 책으로 배워선 안 된다. 독해를 하고, 문법을 배우고, 듣기를 반복만 한다고 유창하게 말할 수 없다. 언어란 아이들의 모든 능력을 필요로 하기에 교과서나 문제집으론 한계가 있다. 입체적인 접근이 중요하다. 책은 영화처럼 시각, 청각의 정보를 줄 수 없다. 영화는 게임처럼 상호작용이 없다. 책과 영화 둘 다 일방적으로 정보를 주는 방식이다. 하지만 게임은 시각, 청각은 물론이고 직접 조작하고 소통하여 다 함께 만들어가는 매체다. 이를 잘 활용한다면 그 가능성은 누구도 가늠할 수 없을 것이다. 책이란 높은 수준의 집중력과 이해력을 요구하기에 마지막 학습 수단으로 활용돼야 한다. 만약 당신이 영어를 재밌게 배우길 원한다면, 게임이란 매체를 적극적으로 활용해야 할 것이다.

06

건강한 게임 생활을 위해 부모가 알아야 할 것들

"혹시 당신은 게임에 빠져 있는 자녀로 인해 갈등을 겪고 있는가?" 만약 그렇다면 갈등 해소를 위해 부모들은 어떤 노력을 해야 할까? 하지만 그 이전에 먼저 아이들이 '왜 게임을 하는가?'에 대해 생각해볼 필요가 있다.

게임은 아이들의 새로운 놀이문화다. 아이들은 게임을 통해 승리를 경험하고 재미와 성취감을 느낀다. 사회 경험이 적은 아이들은 게임하며 사회적 관계를 맺고 소통한다. 게임 속 세상은 명확한 목표를 갖게 해주고, 막연한 불안감을 없애주기도 한다. 또한 게임은 한 시대만 즐기다 사라질 그런 존재가 아니다. 게임의 영역은 포괄적이며 사회, 경제 분야에 이르기까지 점차 그 영역을 확대하고 있다. 최첨단 기술의 발전으로 미래의 교육 수단으로 떠오르고 있으며, 일선 학교에선 게임을 이용한 스마트 학습과 기능성 게임으로 새로운 교수법을 시행하고 있다.

이런 게임의 순기능에도 불구하고 게임으로 인한 갈등은 끊임없이 발생한다. 부모의 바람과 걱정된 시선으론 아이들의 게임 생활을 납득하기 어렵다. 아이들 역시 주된 여가 활동을 침해받는다고 생각해 반항하게 된다. 이런 상황이 쌓이면서 부모와 아이 사이에서 갈등의 골이 깊어지게 된다. 하지만 게임하는 주체는 아이들이고, 게임으로 긍정적인 효과를 거두려면 올바른 게임 습관을 기르는 것이 무엇보다 중요하다. 게임이 문제가 되는 가장 큰 원인은 과도하게 시간을 허비한다는 것이다. 눈이 충혈되도록 잠을 자지 않고 식사도 거른 채 게임하는 아이를 보면 부모들에겐 큰 걱정거리가 될 수밖에 없다.

이에 게임이 일상이 되어버린 아이들을 먼발치에서 바라보기만 할 수 없는 노릇이다. 그렇다고 막무가내로 통제하려 들면 오히려 반발심만 부추기는 꼴이 된다. 부모들은 이러지도 저러지도 못하는 난처한 상황으로 고민이 깊어진다. 그렇다면 아이들의 건강한 게임 생활을 위해 부모가 알아야 할 것들은 무엇일까?

우선 아이들이 건강한 게임 생활을 하려면 자기 통제가 가능해야 한다. 자기 통제가 안 되면 심한 집착이나 충동적인 행동을 보일 수 있고,

심하면 일상생활을 유지하기 힘들 수도 있다. 오로지 게임에만 의존하고 가족과 대화하는 시간도 현저히 줄어들게 된다. 이는 가족 간의 갈등으로 이어져 죄책감이나 우울한 감정을 들게 만든다.

자기 통제가 어려운 단계로 넘어가기 전에 아이들과 게임하는 시간을 서로 합의해야 한다. 가급적 주말이나 휴일에 게임을 하게끔 하고, 평일에 하고 싶어 한다면 2시간을 넘지 않는 것이 좋다. 또한 자신이 할 일을 다 마친 후에 게임을 하도록 습관화시켜야 한다.

부모들은 어떤 게임을 누구와 하고 있는지 알고 있어야 한다. 연령대에 적합한 게임을 하는지, 폭력적이거나 선정적인 게임을 하는지 주기적으로 확인하는 것이 필요하다. 특히 역할수행게임(RPG)과 같은 과몰입에 쉽게 빠질 수 있는 게임 장르는 피해야 한다. 온라인게임은 익명의 사람과 함께 플레이하는 것이 일반적이기 때문에 주로 누구와 게임을 하는지 알아두는 것이 좋다. 게임에 심하게 빠진 아이들은 현실에서 가깝게 지내는 친구가 없는 경우가 많다. 이런 아이일수록 게임 속 상대보단 또래와 어울릴 수 있는 기회를 많이 제공해야 한다.

좀 더 근본적인 방안으론 게임을 대신할 놀이나 취미를 갖게 하는 것이다. 휴식의 도구로 사용됐던 게임 이용시간을 줄이고 다른 재밌는 활동이나 운동으로 대체한다면 게임의 과몰입에서 벗어날 수 있다. 더욱이 가족들과 정기적으로 함께할 수 있는 활동이라면 최고의 효과를 볼 것이다.

그러나 앞서 언급한 방안보다 더 중요한 것은 부모들이 게임에 대한 선입견을 내려놓아야 한다. 이미 생활 속에 녹아든 게임을 이해하고 공생해야 한다는 것을 받아들여야 한다. 아이가 혼자 게임을 하고 있다면 곁에 앉아 아이의 눈으로 게임을 바라봐야 한다. 부모들은 어려서부터 게임과 인터넷 활동을 함께 하는 것이 좋다. 게임을 통해 친밀감을 만들어야 과몰입에 빠진 아이를 적절하게 제어할 수 있고, 건강하게 게임할 수 있도록 지도할 수 있다.

나는 아이들과 주말이면 한두 시간은 꼭 게임을 한다. 아이들은 이 시간을 학수고대한다. 나는 이런 아이들의 마음을 적극적으로 공감한다. 왜냐하면 나 역시 그 즐거움을 아주 잘 알고 있기 때문이다. 나는 한때 게임에 미쳐 며칠 밤을 꼬박 새본 적도 있다. 게임이 좋아 PC방에다가 숱한 돈을 뿌렸다. 그러다 보니 아예 게임을 만들고자 하는 마음을 먹게 됐다. 한참을 아이들과 게임을 하다 보면 묘한 감정이 든다. 친구들과 시작한 게임이 게임을 함께 만들던 회사 동료를 거쳐, 이젠 내 아이들이 커서 나와 게임을 하고 있다는 생각을 하니 나의 게임 인생을 되돌아보게 한다.

내 부모님은 게임을 전혀 모른다. 내 세대에 형성된 게임문화는 내 아이들에겐 없어서 안 될 중요한 삶의 일부가 됐다. 게임문화는 2세대를 거치며 발전하는 중이다. 아이들과 게임 속 스토리를 서로 이야기하고, 배경음악을 따라 부른다. 게임 캐릭터를 연구하여 승리의 기쁨을 함께 누리며 전우애를 쌓는다. 간혹 현질의 유혹을 느낄 때도 있지만 협력 플레이로 이를 극복해내기도 한다. 이것이 지금 나의 게임 생활이다. 오로지 아이들과의 소통 창구로 이용되고 있다.

나는 아이들이 어떤 게임을, 누구와 하는지 속속들이 알고 있다. 아이들은 나에게 거리낌 없이 게임에 대해 얘기한다. 게임을 하는 것 자체는 문제가 되지 않는다. 하지만 몇 달간 매일같이 밤낮으로 게임을 한다면 문제가 되는 것이다. 이를 음식에 비유해본다면, 아이들의 건강한 몸을 위해선 균형 잡힌 영양소 공급이 중요하다. 매일같이 입이 좋아하는 초콜릿이나 아이스크림만 먹어댄다면 부모들은 먹지 못하게 막을 것이다. 편식이 심한 아이일수록 고기와 야채, 우유 등 골고루 먹으라고 잔소리하게 된다. 부모들은 아이들이 원하는 음식만 사지 않고 각종 다양한 음식들을 구매하여 건강한 밥상을 만들기 위해 노력한다. 다양한 음식을 섭취해야 몸이 유지되고, 어떤 음식을 먹느냐에 따라 건강한 몸으로 살아갈 수 있기 때문이다.

이와 마찬가지로 부모들은 아이들의 게임 생활에도 관심을 가져야 한다. 부모들이 아이들의 식단을 고르고 권하듯이, 게임 생활에 대해 좀 더 귀를 기울여야 한다. 아이들이 하고 싶은 게임이 생기면 적극적으로 관여해 서로 의논하며 게임의 부작용을 없애야 한다. 게임의 영향력에 대해 제대로 얘기하며 건강한 여가 활동이 되도록 만들어야 한다.

아이들은 게임을 막는다고 공부하는 건 아니다. 시험이 코앞인데 핸드폰을 붙잡고 게임하는 아이를 보면 화가 치밀어 오른다. 이에 호통을 치며 나무라면 아이들은 마음의 문을 닫고 게임 속으로 더 빠져든다. 이런 상황에서 아이들에게 대처하는 부모들은 대개 세 가지 유형으로 나타난다.

첫째, 게임하는 모습만 봐도 화를 내고 제지하는 부모들이 있다. 게임에 대한 부정적인 인식이 뿌리 깊게 박혀 있어 절대로 하지 말아야 할 것으로 인식한다. 이런 부모들일수록 게임에 대한 이해 부족으로 갈등이 잦아져 대화가 단절되는 경우가 많다. 이럴수록 아이들과 상의하여 일정한 규칙을 세워 게임 시간을 정하는 것이 필요하다.

둘째, 게임을 대체로 허락하는 유형이다. 원하는 게임을 사주기도 하고, 조건부로 아이템 구매를 허락하기도 한다. 때문에 아이는 큰 불만 없이 게임을 즐기며 생활을 한다. 겉으론 아무런 문제가 없어 보이지만 시간이 지남에 따라 관계가 멀어질 수 있다. 게임의 이해 없이 무작정 게임을 허용한다면 아이들을 방치하는 꼴이 된다. 가끔 부모는 아이와 게임도 같이 해보며, 연령대에 맞는 게임을 즐기는지, 너무 몰입하고 있는 건 아닌지 수시로 확인하는 것이 좋다.

셋째, 방관하거나 회피하는 경우다. 항상 바쁘다는 핑계로 아이들의 게임 관련 질문에 나 몰라라 하고 아이들의 게임 생활에 일체 관여하지 않는 경우다. 부모는 게임의 관심, 아이와의 관계에도 소홀하여 소통이 거의 없는 상황이다. 이런 환경의 아이일수록 게임 과몰입에 빠질 확률이 높다. 이런 상황까지 가지 않으려면, 아이의 게임 생활에 지속적인 관심을 가지며 소통하는 것이 필요하다. 아이가 즐기는 게임을 파악하여 친밀감을 쌓아 관계를 개선하고, 이를 통해 건강한 게임 생활을 할 수 있도록 독려하는 것이야말로, 게임에 몰입한 아이들의 문제를 해결하는 최고의 방안일 것이다.

핀란드에선 매년 여름 '어셈블리 페스티벌(Assembly Festival)'을 개최한다. 이 축제는 여러 청소년과 가족들이 원하는 게임을 하며 3박 4일을 같이 시간을 보낸다. 친구와 가족 모두가 모여 자유롭게 게임을 즐긴다. 이 축제의 백미는 '부모 게임대회'다. 자녀에게 코치를 받은 부모들이 게임 경기에 출전하는 것이다. 부모들은 아이들과 며칠 동안 게임을 같이 하면서 게임에 빠지는 아이들을 이해하게 된다. 게임에 대한 부정적인 인식이 많은 우리나라와는 달리 부모와 자녀가 게임을 놀이문화로 인식하고 즐기는 것이 너무도 부러운 일이다.

게임은 우리 문화의 한 부분이 됐다. 이전보다 더 깊숙이 우리 생활 속으로 들어와 있으며, 앞으로도 더 그럴 것이다. 게임은 이제 일상의 놀이문화로 영화, 애니메이션, 음악 등 다양하게 즐길 수 있는 종합 콘텐츠로 변모했다. 하지만 게임이 건강한 놀이 수단으로 거듭나려면 부모들의 생각과 태도가 중요하다. 게임을 해로운 것이라 단정 짓고, 부정적인 시각으로만 바라본다면 아이들과 소통하는 연결 통로가 닫히게 된다.

이에 게임을 이해하려는 노력에서부터 게임의 순기능이 작동할 것이다. 게임을 제대로만 활용한다면 교육적으로나 산업적으로 유용한 도구가 될 것은 분명하다.

07

내 아이는 게임을 통해 세상을 배운다

흔히들 요즘 세상을 4차 산업혁명 시대라 부른다. 언론 매체나 기업에선 이런 변화의 시대에 걸맞는 대비책을 요구한다. 도대체 4차 산업혁명 시대에는 우리의 삶이 얼마나 변하며, 그 시대를 살아가기가 어떨지 가늠하기 어렵다. 곰곰이 생각해보면 '정말 4차 산업혁명이 시작되긴 한 걸까?' 하는 의문이 든다. 4차 산업혁명은 이전 산업혁명보다 실체가 잘 보이지 않는다. 눈에 보이는 게 없고, 손에 잡히지도 않는다. 뚜렷하게 무엇이 어떻게 변하고 있는지 체감하기 힘들다. 하지만 사회 전반에서 떠들썩하게 부각하고 있다.

4차 산업혁명은 인공지능, 사물인터넷, 로봇공학처럼 현존하는 기술을 이용한 거대한 산업의 혁명이라 말하지만 얼른 피부에 와 닿지는 않는다. 왜냐하면 1~3차 산업혁명에 비해 보이는 것이 별로 없기 때문이다. 1차는 증기기관의 발명으로 기계화의 혁명을 가져왔고, 2차는 전기 에너지 기반으로 대량생산을 가능케 했으며, 3차에는 컴퓨터의 탄생으로 지식정보 혁명을 이뤘다. 허나 4차 산업혁명은 물건이나 기술이 아닌 융합과 혁신이기 때문에 명확한 변화로 보이지 않는 것은 당연할 수 있다.

4차 산업혁명의 핵심은 인류가 수천 년간 축적한 지식을 데이터화했다는 것이다. 또한 모든 분야의 데이터가 기하급수적으로 늘어나고 있다. 과거에는 노동과 자본으로 부를 축적했다면, 이젠 데이터의 힘으로 부를 축적할 것이다. 오래전부터 이런 변화를 감지한 글로벌 기업들은 이런 혁명의 물결에 맞게 새로운 경영 전략을 실행해왔다. 기술 개발에 막대한 자금을 투자하며 빅데이터 구축과 인공지능, 생명과학, 로봇기술과 같은 차세대 산업 분야를 선점하기 위해 힘을 쏟고 있다. 하지만 아직 우리의 일상에서 체감하기엔 미미한 수준이다.

사실 그동안 실생활에서 사용한 IT 제품들은 걸음마 수준이었다. 우리가 원하는 명령을 수행하는 정도의 역할이었다. 하지만 오랫동안 쌓아온 네트워크 인프라와 최근 기술의 급격한 발전으로 인해 근 미래엔 폭발적인 산업의 변화와 생활의 혁신을 가져올 것이다.

4차 산업혁명의 변곡점에 있는 이 시점에 우리 아이들은 무엇을 해야 할까? 이런 혁명적 변화를 우리가 체감할 수 있는 시기는 그리 멀지 않았다. 아니 지금도 스마트 기기를 활용해 아이들은 내 학창 시절 겪어보지 못한 혁신적인 방법으로 다양한 분야의 지식을 습득하고 있다. 지식뿐만 아니라 사회성과 창의력을 키우는 도구로 활용되고 있다.

12세 지율이는 4세 때부터 블록놀이를 참 좋아했다. 쌓고 부수고 하는 과정에 매력을 느낀 듯했다. 누구의 방해도 없이 자신이 생각한 것을 마음껏 만들 수 있는 것에 푹 빠져 있었다. 놀이방에 가도 아빠, 엄마랑 같이 노는 것보단 블록 방에 들어가 한참을 놀곤 했다. 그 나이는 자신만의 세계에서 스스로 자아를 찾는 시기다. 소유욕이 강해지는 시기라 내 것에 집착했다. 또래 친구와 놀 때도 장난감을 서로 차지하려 싸우고, 나눠주는 행위를 불편해했다.

7세 무렵 지율이는 아빠와 함께 보드게임을 하는 걸 좋아했다. 주말엔 여지없이 보드게임을 해야 했고, 가끔 아이 친구들이 놀러 오면 다 같이 보드게임을 즐겼다. 게임을 하며 지율이에 대해 많은 것을 알게 됐다. 게임을 하다 보면 자연스레 여러 대화를 하게 되고, 그로 인해 친구 관계나 유치원 생활에 대해 알 수 있었다. 이때부턴 혼자보단 친구와 어울려 놀기에 바빴다. 놀이터에서 아이들과 여러 놀이를 하며 시간 가는 줄 모르고 놀았다. 딱지치기, 무궁화꽃이 피었습니다, 숨바꼭질과 같은 놀이로 친구와 관계를 맺으며 신체를 이용한 놀이를 주로 했다.

지금 12살이 된 지율이는 스마트폰 게임에 푹 빠져 있다. 물론 학업에 큰 지장이 없을 정도로만 즐긴다. 평일에 짬을 내어 조금씩 하지만, 주말이면 폭풍같이 게임을 한다. 어쩔 땐 내게 게임 아이템을 사달라고 조르기도 한다. 그럴 때면 대부분 거절하지만, 간혹 현질(현금을 지불하여 게임 콘텐츠를 사는 행위)을 해준 적도 있다. 으레 친한 친구와 게임을 하다 보니 경쟁심도 생기고, 게임 결과를 자랑거리로 생각한다. 평소에 아이들이 모이면, 당연히 게임 이야기로 꽃을 피운다. 아이들 중 누군가 최고 레벨을 찍으면 마치 개선장군이라도 된 듯 의기양양한 표정을 짓는다. 옆에 있던 아이들은 부러운 표정을 지으며, 그간의 노고를 공감하듯 박수를 쳐준다.

나는 조그만 어촌에서 태어나 초등학교 4학년 때까지 살았다. 인생을 살면서 가장 행복했던 순간들이 흑백 사진처럼 남아 있는 장소다. 눈앞에 반짝이는 모래와 바다가 펼쳐져 있고 뒤로는 대나무 숲이 병풍처럼 감싸고 있는 곳이었다. 봄이 오면 멸치잡이로 만선이 된 배들이 줄지어 들어와 멸치 축제를 벌였다. 목욕탕처럼 생긴 커다란 솥 안으로 은빛 멸치들이 눈처럼 쏟아져 내렸다. 멸치는 신선도가 생명이기에 출하 즉시 삶는 과정을 거쳐야 했다. 그곳에서 어머니가 먹여주셨던 멸치 맛은 평생 잊을 수가 없다. 날로 먹어도 맛나고, 삶아서 먹으면 고소함에 절로 웃음이 나올 정도였다.

여름 방학이 되면 동네 친구들과 해수욕도 하고, 조개, 홍합, 게를 잡아서 배를 채우기도 했다. 해변에 굴러다니는 나뭇가지나 쓰레기를 태워서 잡은 해산물을 구워 먹었다. 여름 방학이 끝날 무렵 아이들은 새까만 연탄마냥 피부가 검게 탔다. 개학하고 대부분의 아이들은 피부 껍질이 벗겨진 상태로 수업을 들었다.

어촌 아이들에게 가을, 겨울은 그것만의 매력을 지니고 있다. 학교 앞 모래사장에서 달리기, 멀리뛰기, 축구, 야구 등의 다양한 놀이를 하며 시간을 보낼 수 있기 때문이다. 이따금 우리들은 힘자랑을 위해 씨름을 하며 뒹굴기도 했다. 공놀이를 하다가 행여라도 공이 바다에 빠지는 날엔 그것으로 게임이 끝났다. 썰물이 되는 늦은 오후에는 빠진 공이 바다 쪽으로 움직이기 때문에 더 이상 경기를 할 수 없었다. 겨울의 어촌 풍경은 매우 아름답다. 간간히 뱃고동 소리를 내며 지나는 어선들과 이들의 길잡이가 되어주는 등대는 한 장의 엽서 사진과도 같았다. 보름달이 뜬 어느 날, 일렁이는 바다와 부서지는 파도 소리를 들으며 누나와 함께 먹던 호빵 맛이 너무도 그립다.

아이들은 그 나이 때에 맞는 놀이나 게임을 하며 인성을 키워나간다. 놀이와 게임이 매개체가 되어 소중한 추억을 쌓는다. 영유아기 땐 오감을 자극하는 놀이를 하고, 나이를 먹을수록 몸으로 하는 신체 놀이를 하며 아이들만의 세상을 만들어간다. 나는 내 아이들을 키우며 까맣게 잊고 살았던 옛 기억을 떠올리게 된다. 마치 아이들은 내 기억 실행 버튼을 누른 것 마냥 끄집어내곤 한다. 아이들에게 어린 시절의 좋은 추억은 평생을 살아가는 원동력이다. 부모를 비롯해 주변 환경에 의해 형성된 기억은 그 아이가 평생을 사는 힘이 되어준다.

직장을 그만두고 자영업과 아이들 육아를 병행하면서부터 대부분의 시간을 아이들과 보낸다. 나는 아이들에게 아빠와의 추억을 만들어주기 위해 노력한다. 얼마 전엔 큰마음 먹고 캠핑용품도 구비하여 화창한 날씨엔 가까운 캠핑장를 찾곤 한다. 아이들과 함께 텐트를 치고, 밥을 짓는 것 자체가 놀이고 아름다운 추억이 될 것이다. 아이들과 보내는 매 순간마다 지난 내 옛 추억이 새록새록 떠오른다. 시대와 세대가 바뀌어도 변하지 않는 것이 있다. 아무리 기술이 발전하고, 첨단 기계가 지배하는 세상이 닥치더라도 그 중심에는 사람이 있어야 한다. 모든 분야의 산업은 사람에게 집중해야 새로운 가치를 담아낼 수 있다. 결국 4차 산업혁명의 중심에는 인간의 감성과 마음이 있어야 하는 것이다. 그러기 위해선 아이들을 향한 내 사랑이 먼저다. 그 옛날 내 부모님의 사랑으로 단단해진 내 마음처럼 말이다.

요즘 세계적으로 뜨거운 반응을 보이고 있는 드라마가 있다. 공개되자마자 한 영상 플랫폼에서 전 세계 82개국 1위를 차지했다. 이 드라마는 작품성과 참신성 모두 최고 점수를 받으며 세계의 이목을 끌었다. 미국, 영국, 프랑스 등 해외 유수의 방송 매체로부터 호평을 받고 있다. 심지어 드라마에 나온 의상이나 놀이 도구들이 국내외에서 불티나게 팔리기도 한다.

이 드라마는 우리가 어릴 적 놀던 놀이를 소재로 잔혹한 생존게임을 하는 내용이다. '무궁화 꽃이 피었습니다', '달고나 뽑기', '줄다리기', '오징어 게임', '구슬치기' 등을 통해 생사를 건 게임을 한다. 단순한 우리나라 전통놀이를 하며 일확천금을 얻기 위해 목숨을 건다. 이 게임에 참가한 사람들은 빚에 쫓기는 신용불량자나 사회적 약자들이다. 주변에서 흔히 볼 수 있는 사람들의 이야기를 다루다 보니, 보는 이로 하여금 감정이입이 되게 만든다. 치열한 입시 경쟁, 누군가를 눌러야 오를 수 있는 기업 문화, 주식이나 부동산으로 망한 이들이 세상을 등지는 현실에서, 다시금 이 시대를 되돌아보게 한다.

최근 우리나라 영화와 드라마가 세계적으로 각광 받고 있다. 이 작품들의 공통점은 현 시대의 모순을 특유의 한국적 정서로 표현했다는 것이다. 또한 인간성이 실종된 현대 사회에 대한 날카로운 풍자도 인기의 비결이다. 계급, 계층, 빈부, 승자와 패자 등 우리가 살고 있는 이 시대의 불편한 진실을 드러냄으로써 전 세계인이 열광하는 것이다. 하지만 나는 한국 드라마의 성공에 찬사를 보내지만, 한편으론 마음이 불편해진다. 드라마를 통해 본 우리 사회의 어두운 이면을 접하다 보면 씁쓸한 마음이 들기 때문이다.

나와 내 아이들이 사는 이 세상은 양면성을 가지고 있다. 화려한 과학문명이 눈앞에 존재하지만, 그 뒤에는 다수의 사람들의 희생이 떠받들고 있다. 사람들의 열정, 도전, 고뇌, 고통을 발판삼아 이룩한 성과다. 그렇기 때문에 우리는 문명이 아닌 사람에 집중해야 한다. 제아무리 날고 기는 기술이 생겨도 우리는 아이들의 꿈을 통해 미래를 설계해야만 한다.

4차 산업혁명의 정점에는 게임이 있다. 게임의 주체는 사람이고, 아이들이다. 아이들은 게임을 통해 놀며 소통한다. 아이들이 즐기는 게임에는 도전, 성취, 보상이 존재하고, 이것으로 세상의 규칙을 배운다. 급변하는 시대에 자라나는 현재의 아이들은 신종 스트레스를 게임으로 푼다. 또한 탁월한 교육 수단으로 게임을 활용하여 학습하는 시대다.

내 아이는 게임을 통해 추억을 쌓고 세상을 배운다. 어린 시절 가족과 함께 한 추억은 아이의 마음을 단단히 해주고 미래를 살아갈 힘이 돼준다. 그 마음은 가족의 사랑에서 비롯된다는 것을 나는 안다.

08

게임 잘하는 아이가 공부도 잘한다

"게임하는 아이는 공부를 잘할 수 없다."

"게임을 그냥 하는 아이는 정말 공부를 못한다."

"그러나 게임 잘하는 아이가 공부도 잘한다."

우리는 게임을 잘하면 기껏해야 프로게이머나 게임 종사자가 될 거라 생각한다. 그렇다면 아이들이 게임을 잘하려는 이유가 프로게이머나 게임 개발자가 되려고 하는 걸까? 축구를 잘하면 축구선수가 될 것이고, 야구를 잘하면 야구선수가 될 것이다. 하지만 운동선수나 스포츠 직업을 얻기 위해 운동하는 것은 아니다. 그것에 빠지면 재미와 희열을 느낄 수 있기에 하는 것이다. 어떤 분야든지 간에 잘해야 프로의 세계로 들어설 있고, 적당히 즐기는 수준에선 절대 프로가 될 수 없다. 정확히 말하자면 아주 잘해야 프로 세계에서 성공할 수 있는 것이다. 그것도 최상위 수준이어야 한다. 하지만, 때때로 적당히 즐기다가 그 분야에 미쳐 프로가 되는 경우도 있다.

아이들은 어떤 일을 하든지 자신이 좋아서 해야 한다. 누군가 등 떠밀어서 하게 되면 쉽게 지치거나 질리기 마련이다. 누구든지 좋아하는 일을 하는 것을 가장 큰 행복으로 여기고, 바람직하다고 생각한다. 하지만 요즘 대다수의 아이들은 재미와 흥밋거리를 찾을 무언가가 별로 없다. 아이들에게 꿈을 물어봐도 모른다고 하거나 없다고 답한다. 왜 그렇게 힘든 공부를 하고 바쁜 나날을 보내는지 잘 모른다. 부모가 시켜서, 주변에서 다 하니까, 딱히 할 게 없어서 등 막연하게 일상을 보내는 경우가 대부분이다. 사실 어른들도 꿈에 대한 질문을 받으면 당황하고 얼버무리기 일쑤다. '그렇다면 사람들은 진짜 꿈이 없어서 대답을 못 하는 걸까?' 살아갈 날이 많은 아이들에겐 장래 희망을, 성인이 돼서는 돈과 명예를 꿈으로 여기고, 노년에는 편안한 삶을 보내길 바란다. 너무 막연하다. 어찌 보면 이런 막연함이 우리의 꿈을 세상 밖으로 못 나오게 하는 건 아닐까.

요즘 대다수의 아이들은 게임을 한다. 실체가 뚜렷이 보이는 재미에 푹 빠져 산다. 손바닥에 놓인 스마트폰으로 언제든 손쉽게 접할 수 있다.

말도 안 통하는 전 세계 아이들과 어울리며 게임을 즐긴다. 이런 게임의 재미와 흥미가 아이들에게 꿈을 꾸는 계기를 만들어준다. 꿈이 생기게 되면, 그때부턴 아이들의 가능성은 누구도 점칠 수 없다. 우리는 아이들의 무한한 상상력을 가늠할 수 없기 때문이다.

많은 부모는 아이가 게임에 관심을 보이거나 집중하는 모습을 보이면 우선 공부에 나쁜 영향을 미칠까 우려한다. 치열하고 험난한 세상을 한낱 게임으로 시간 낭비할 거냐고 다그친다. 그러니 '게임을 잘하는 아이가 공부도 잘한다.'라고 하면 동의하기 힘들 것이다. 아니 '그게 가능해?' 하고 반박할 것이다. 그러나 과연 부모들은 게임에 대해 얼마나 아는지 되묻고 싶다. 아이들이 왜 이렇게까지 게임을 좋아하는지, 틈만 나면 게임 이야기로 떠들썩한지 묻고 싶다. 게임에만 빠진 아이들은 부모와 대화하지 않으려 한다. 학교생활을 물어도 잘 대답하지 않고 선물을 사준다 해도 그리 달가워하지 않는다. 게임에만 몰두한 나머지 부모 자식 사이도 멀어지게 된다.

이런 아이들은 게임을 잘한다고 볼 수 없다. 여기서 중요한 건 '잘'해야 한다는 것이다. 게임을 '잘'하기 위해선 아이 스스로 조절하며 즐길 줄 알아야 한다. 게임은 너무도 많은 매력을 지니고 있기에 자칫 과몰입 상태가 되기 쉽다. 나 역시 성인이 돼서도 게임에 빠졌던 시간이 많았다. 하물며 아이들이 스스로 조절하며 게임하기란 쉬운 일이 아니다. 외부의 통제 없이 조절하며 게임을 즐길 수 있다면, 아이들에게 게임은 최고의 취미가 되고 일상의 활력소가 될 것이다.

게임은 아이들의 문제 해결 능력이나 학습 능력, 두뇌 발달에 도움이 된다는 것이 여러 연구에 의해 증명됐다. 게다가 발달장애가 있는 아이들에게 치료 목적으로 사용되기도 한다. 하지만 여전히 지나친 게임 생활로 인해 염려되는 부분이 많다. 이 때문에 아이들이 게임을 '잘'하기 위해선 부모의 역할이 매우 중요한 것이다. 사실 게임 자체만 놓고 보면, 시대적 과제를 담은 유용한 도구다. 그런데 문제는 아직 자기 조절 능력이 부족하고, 충동성이 강한 아이들의 경우 가만히 놔두게 되면 끝도 없이 빠질 가능성이 있다는 것이다. 이에 아무리 좋은 도구도 지나치게 되면, 당연히 문제가 될 수밖에 없고 이런 악영향으로 인해 사회적 골칫거리로 전락하고 마는 것이다.

아이가 스스로 게임을 조절하려면 게임을 시작하는 어린 시절부터 부모가 조절하는 방법을 가르쳐주는 것이 필요하다. 아이들이 게임을 즐기는 것은 이미 막을 수 없는 흐름이므로 그것을 어떻게 효율적으로 이용할 것인가를 고민하는 게 훨씬 더 현명한 방법이다. 그러기 위해선 부모들이 게임에 대해 좀 더 알아보고, 직접 게임을 해보는 것에서, 내 아이는 게임을 '잘'하는 아이로 거듭날 수 있는 것이다.

게임은 인간의 기본적인 욕망을 채워준다. 아이들의 시선에서 바라본 게임은 결국 재미이다. 그 재밌는 게임으로 소중한 학창 시절의 추억을 만들고, 세상을 배워나간다. 재미로 시작된 게임은 아이들에게 꿈을 꾸게 하는 마력이 있다. 가상의 공간에서 여러 나라의 문화를 접하며 시야를 넓힌다. 게임을 하면 인문학적 사고가 깊어진다. 세계 각국의 신화나 전설을 게임 시나리오로 풀어내면서 그 시대의 정치, 경제, 지리, 과학 등을 곁들여 공부할 수 있다. 또한 각 나라의 언어를 게임을 즐기며 자연스레 습득할 수 있다. 아이들은 게임을 더 잘하기 위해서라도 그 나라의 언어를 스스로 공부하게 된다.

이처럼 게임은 아이들에게 무언가를 하게끔 동기를 준다. 꿈이 생긴 이후로 강한 동기 부여를 받아서 도전하고자 하는 마음이 생긴다. 이런 도전 속에서 실패와 성공을 맛보며 성장하는 것이다. 실패는 성공으로 가는 과정임을 깨닫게 되고, 성공은 성취감을 느끼게 하여 그 일을 재밌게 만든다. 게임은 노력에 대해 배신하지 않는다. 상황에 맞는 적절한 보상으로 항상 보답한다. 노력의 결실인 보상은 또다시 도전하는 동기를 부여한다. 이 끝도 없는 선순환 과정을 통해 꿈을 이뤄내는 것이다.

앞으로의 공부는 미래 인재에 필요한 역량에 초점을 맞출 것이다. 미래의 인재란 결과적으로 미래 핵심 산업이 요구하는 사람이다. 변화와 융합으로 혁신을 이끌어내야 인재로서 인정받을 것이다. 혁신은 풍부한 상상력과 창의적 발상에서 비롯된다. 요즘 아이들 교육에 있어서 최고의 화두는 '창의성'이다. 하지만 창의성의 개념마저 불분명한 이 시대에서 창의적인 아이를 키운다는 것은 결코 쉬운 일이 아니다.

대부분의 사람들은 창의성의 의미를 지금까지 없던 무언가를 만들어 내는 것으로 인식한다. 하지만 창의성은 '무'에서 '유'를 창조하는 것이 아니다. 창의성 하면 떠오르는 대표적 인물은 '아인슈타인'을 꼽는다. 역사상 가장 위대한 물리학자로 인정받는 그는 상대성 이론, 관성의 법칙, 등가 원리의 법칙 등을 낳으며 세상을 바꾼 인물이다. 자유분방한 사고와 상상에 빠지는 걸 좋아했던 아인슈타인은 획일적인 교육에 적응할 수 없었다. 그의 질문과 아이디어는 선생님과 친구들에게 환영받지 못했고, 늘 질책의 대상이었다. 보통 사람들에겐 황당하고 우스꽝스러운 아이디어가 결국 세상을 바꾸는 힘이 됐다. 아인슈타인은 타고난 천재라기보다 후천적인 노력과 학습의 결과로 탄생한 천재다. 그는 항상 질문을 중시하고, 질문하도록 유도했으며, 또한 독려했다. 우스꽝스러운 아이디어도 그대로 두면 눈부신 결과로 발전할 수 없기에 수많은 질문을 던지며 문제 해결을 위해 노력했던 것이다.

역사적으로 혁신적 인물들의 공통점은 스스로에게 수많은 질문을 던지며 답을 찾았다는 것이다. 그들은 질문에 대한 문제를 창의적으로 해결함으로써 인류의 발전과 번영을 이끌었다. 이처럼 창의력은 자발적 호기심으로 생긴 문제를 해결하는 능력이다. 아이들은 자신에게 닥친 과제를 자발적으로 문제의식을 느껴 해결해야 한다. 문제의식은 질문을 낳고, 아이들로 하여금 통찰과 자극을 동시에 준다. 문제 해결을 위해선 확고한 의지와 대단한 집중력이 필요하다. 그래야 깊은 생각과 몰입으로 창의적인 해결 방안을 찾을 수 있다.

또한 확고한 의지와 집중력은 아이들이 스스로 원하는 것이어야 진정한 힘을 갖는다. 스스로 동기 부여를 얻기 위해선 아이가 진정으로 원해야 하며, 그것은 창의성으로 이어져 새로운 해결책을 찾게 되는 것이다.

이제는 아이가 게임에 열중하고 있다면 그대로 두는 것이 좋다. 아이가 게임에 대해 자신의 의견을 내세운다면 기뻐하고 축하해야 한다. 이는 자신만의 게임 세상을 토대로 진짜 세상을 바라보는 것이 가능해졌다는 뜻이다. 무조건 부모의 말에 순종하기보단 그 이유에 대해 알길 원하고, 자신의 생각과 논리를 펼칠 수 있게 됐다는 것이다.

부모들은 무턱대고 게임을 막기보단 취미로서 인정하고, 나아가 긍정적 영향으로 발전할 수 있도록 도와주는 것이 현명한 대응이다. 더 이상 게임은 막을 수 없는 흐름이기에 게임에 대해 이해하려 노력하고, 게임을 '잘'할 수 있도록 도와주는 것이 부모의 책임이며 사명인 것이다. 왜냐하면 게임은 제대로 활용하기만 하면 교육적으로나 산업적으로 유용한 도구가 될 수 있기 때문이다.

우리 아이들은 격변하는 세상에서 살고 있다. 눈에 보이진 않지만 인류 역사상 가장 빠르게 변하는 디지털 세상 위에 있다. 곧 게임을 잘하는 아이가 경쟁력이 있는 시대가 올 것이다. 게임은 시대가 요구하는 모든 능력을 갖춰야 한다. 창의적이고 상상력이 풍부한 융합형 인재를 필요로 한다. 따라서 '게임 잘하는 아이가 공부도 잘한다.'라는 명제는 진실이다.

"드디어 아이는 세상의 중심에 서서, 게임을 통해 미래의 인재로 거듭나게 되는 것이다."